文字力教練Elton

竹那米————著

知識變現爆款文案
寫作的49堂課！

打造個人品牌，讓文字在邏輯架構下充滿情感，帶著溫暖與療癒

心起點創辦人、關係療癒師 **史庭瑋 Mia**

正在閱讀這本書的你，相信正懷抱著美好的夢想，渴望為這個世界創造美好的價值，希望將自己的所學整合與發揮，擁有屬於你的知識型產品，打造獨一無二的個人品牌；甚至能透過你所分享的價值，啟發更多人產生新的改變，看見屬於自己的力量，讓生命影響生命，也為自己帶來愛與幸福的流動，以及財富與生活上的豐盛。

然而，你可能會想：「我要怎麼做，才能達到這樣的結果呢？」這也是這本書，帶給你最重要的價值，也是 Elton 十年來在文字力領域鑽研後淬鍊的精華，帶給你最有效的文案架構與最多元的案例分享。

第一段文字，也是我成為講師的初衷，陪伴每個人看見自己的價值，擁有幸福關係；而現在，我也實現了這樣的夢想，創立心起點，陪伴更多人找回自己的力量。

我在心理療癒領域已有十四年的資歷，擁有近百種專業認

證，與四十種以上的工具，陪伴人與自己和他人擁有更好的關係，使用牌卡、創傷療癒、系統排列、職涯天賦、催眠、潛意識探索、量子頻率儀器、父母／伴侶／親子／自我／事業／金錢／健康關係探索與療癒等方式，在教學、諮詢療癒與身心靈產品的經營上，都有豐富的經驗與良好的口碑。

你可能會想，我有這麼多經驗了，還需要透過文字力的行銷嗎？我想告訴你，絕對必要，而且非常重要。

充滿驚喜的文字，能馬上引起注意；觸發情感的文字，能夠感動人心；勾動內心渴望的文字，能激發學習動機；帶有同理的文字，讓人感到被傾聽、被理解；同頻共振的文字，讓人彷彿身歷其境；帶著謎團的文字，讓人想要知道後續，想要深入探索更多。

我本來就喜歡寫文章，但卻不知道怎樣讓透過文字來行銷。當我向 Elton 學習了文字力之後，才了解原來文字表達可以如此有架構、有邏輯，但又能融入個人特色，去創造出有情感、有行銷力，能觸動人心的文字。

透過這樣的邏輯架構，並融入我個人特質所創造的文字，幫助我在公開班課程的銷售上，不需要下廣告，也能很快滿班；甚至有粉專的讀者回饋我，看到這些文字，內心就感到被激勵，充滿力量。在本書中，就有提到「情緒創造共鳴與同理」的案例，大家可以深入閱讀。

當我們透過文字創造深刻的情感連結，身體會釋放「催產

素」，讓人感到愛與歸屬感，讓人感到被懂、被了解；那份被接住的感覺，相信不只是文字，更多的是與你的學員、你的讀者更深刻的共鳴與連結。

當我們的文字能創造同頻共振同步，就能讓人感到你與他在一起，進入彼此的世界，你們一起經歷著當下的那份美好與感動。

本書共有 49 堂關於知識型產品銷售文案的豐富精彩內容，當你學完以後，你將能讓你的文字碰撞出神奇的火花，在邏輯架構下充滿情感，帶著溫暖與療癒。創造專屬於你的獨特魅力，打造獨一無二的個人品牌。

真正的文案高手，想的不只是文案

策略思維商學院院長 **孫治華**

假如一個人可以是一家企業，那文字就是人腦最小的研發單位，也是可以操作的最敏捷的行銷工具。

我看過太多文案教學的書籍了，但是他們大多是流於架構式的銷售文案，像是善用數字、善用提問、套上「五個方法、沒人會跟你說的ＸＸＸ」，好像我們的文字突然就會變得更有吸引力了。

但是這些都是很淺層的應用，甚至是「無效果的硬用」，否則可以讓自己的產品或是知識型商品賣得好的人，不都是滿街跑了？

但是事實上是，有多少人都為了銷售所苦？不只是知識型商品、幾乎是所有的企業與商品都有這樣的痛，價值努力做了，但是傳遞不出去。

所以答案在哪？解方在哪？

我喜歡 Elton 他是從最基本、最本質的方式來討論文案這件事情，像是從「你自己熱愛」、「客戶需要」這兩點去探詢你自

己真正想走與可以走的路，客戶需要的是市場，你自己所熱愛的才可以走一輩子，而在我身邊，可以把自己或是自己的產品銷售出去的人，往往也是因為他們的文字中帶有著「**期待感、驚喜感、樂在其中**」的文字力。

你的文案中是充滿規格說明，還是也帶有著「期待感、驚喜感、樂在其中」？

吸引力就是商機，寫得出有吸引力的文字的人，大概也就是掌握這市場商機的人。

就像是書中引用行銷專家艾倫・迪博（Allen Dib）的那一句話：「厲害的行銷會帶潛在客戶踏上旅程，從問題、解決方法到相關佐證一路包辦。」這已經不只是行銷了，而是一個充滿著商機的思考脈絡了。

就像是 Elton 在探討「長銷與暢銷」時，他就可以清楚的點出很多知識型創作者在構思產品時的盲點，因為很多的知識創作者都想要強調自己的專業，但是卻不知道「越專業、越小眾」的這個市場法則，所以總是想要表現自己的專業，反而讓自己的路越走越窄。

你知道長銷的核心思維嗎？你應該要知道的，不是嗎？

你可以說這些技巧只是一個課程名稱的設計，但是你也可以把課程名稱當作是產品的定位策略，不是嗎？而真正的高手更可以掌握從最表層的課名走到產品定位、甚至後續的延伸的商業策略與模式。

文案是一個價值溝通的工具與道理。

文字，有時候也是一個跟自己對話的時光。

所以我會推薦大家在為自己撰寫文案時，藉由這本書，好好的與自己的喜愛、與自己的產品、與自己的客戶好好的反思、沉澱，再出發。

文案高手的 49 堂課，
讓你的知識型產品賣到飛起！

作家、《高詩佳故事學堂》Podcast 節目主持人 **高詩佳**

　　在經歷長達十多年出書、演講、銷售課程的路上，筆者出版了二十三本語文教育書籍，製作一檔教育類的 Podcast 節目，也發行有聲課程教人學習古文，深深地體會到，身為一位「知識型產品」的創作者，要面對的兩大問題：第一，創作出好的內容；第二，要將好的內容銷售出去。而其中最關鍵的是後者。

　　創作好的內容，有賴於創作者本身的專業素養和經驗，相信所有能夠出書、錄製線上課程、演講、授課的創作者或講師，都能夠舉重若輕的達成。

　　但是，最大的問題是，當你嘔心瀝血地完成內容以後，該怎麼吸引受眾的注意，才能圓滿的達到銷售目的呢？恐怕「文案力」、「文字力」，比你想像的還要重要！

　　尤其現在是「社群行銷」的時代。社群行銷是現今行銷趨勢的重點之一，常見的社群平臺，有 Facebook、Instagram、Twitter、YouTube、LINE、抖音等，想要在這些社群平臺銷售知

識型產品，除了創作者個人的知名度外，就非要有吸睛的文案才行。倘若行銷無感、銷售無力，你的產品就沒有人知道，推都推不出去。

許多有才華的講師和作者，都是因為沒有掌握到「知識型產品銷售文案」的寫作技巧，因而懷才不遇，產品、課程乏人問津，這是非常可惜的事！但是現在，終於有一本書，可以幫助所有的創作者突破困境，那就是「文案高手」林郁棠老師的新作。

這本書涵蓋七篇，共計 49 堂課，教導大家從瞭解市場、確保產品的商業價值、設計銷售文案架構、讓學員成為代言人、解決受眾疑問，到為講師本身加值開外掛等等，完全就是一門完整而有系統的「知識型產品銷售文案」課。

林郁棠老師本身有很豐富的開課經驗，其中有一些成功的案例，自然也有碰上失敗的例子。事後他進行檢討和研究，投入大量的時間、精力，提煉出這門課程，就是希望透過這樣的引路之作，幫助大家不用繼續「踩雷」。這本書不但對有心投入知識型產品的朋友大有幫助，對於一般讀者也會有不小的助益。

在自媒體時代，不管是想讓事業精進，或是想讓創造銷售佳績，都離不開「開課」這件事，學習知識型產品銷售文案的好處，不僅是為未來的開課做準備，更是事業成功的關鍵。在課程設計的過程中，除了注意本身是否「價值大於價格」、「解決特定問題」、「問題具急迫性」，也必須透過策略性的安排，吸引受眾的注意。

在書中，林郁棠老師特別提出「4 IN LOVE」的「四癮」架構，也就是透過「**吸引**」、「**導引**」、「**勾引**」、「**上癮**」等四步驟撰寫文案，讓受眾閱讀完以後，對您的產品「FALL IN LOVE」。這四個步驟，完全針對當代人缺乏注意力的現象下手，佐以產品的痛點、賣點、驚點與懸點，促動人類的本能，引發欲望並呼喚行動。

林郁棠老師分享了豐富的經驗和實例，幫助大家學習書寫文案，經營專業型自媒體，打造個人品牌，用文字翻轉人生。如果您正要踏入知識型產品領域，希望能提升自己的文案寫作技能，這本書將成為您的得力助手。讓我們一起閱讀本書，探索知識型產品銷售文案的奧妙，開啟一段富有啟發性的閱讀之旅！

先讓你試飲，再一步步買斷人心

溝通表達培訓師 **張忘形**

如果你看到這個推薦序，而你也很想知道怎麼樣知識變現，那我會建議先跳過這篇，直接看內文。我保證只要你真的去執行，這本書的價值絕對超過百倍，甚至千倍，絕不誇張。

我舉一下自己的例子，我有兩堂線上課，大概共計幫我創造了超過七位數的收入，以這本書的售價來說，大概是 3000 倍。然而如果看到這邊，你還是想看這篇推薦序，那我跟你分享一下整個淵源。

當時 Elton 邀請我寫推薦序的時候，我其實本來想婉拒，畢竟要說文字我也不太行，要說文案我也不厲害，可能就還算有一些知識變現的實力吧。接著他說，因為裡面有寫到我的部分，於是我更緊張了，想說該不會是反面教材的部分吧？還好看了之後，發現他只是拆了我一些臺。

什麼意思呢？就是當大家問我，忘形你線上課賣得不錯欸，是怎麼做到的？我之前總是只能回答運氣，然而在 Elton 的分析之下，我才發現雖然我真的是運氣好，但剛好做對了一點事情。

舉例來說，一開始可能名字取得還行。例如我本來弄的「忘形流簡報」，大部分人根本就不知道這在幹嘛，但透過後面的副標「複雜的事物，簡單說清楚」，可能才是解決問題的關鍵。

又或是另一個舉例，我自己在企業中上的 DiSC 課程，很多人也許也搞不懂那是什麼。但我把它轉換為「理解自我習慣，看懂別人需求的行為風格溝通術」，就能夠更快的讓對方理解。因此我很認同 Elton 說的，也許我們需要的根本不是華麗的文字，而是快速讓看到的人知道，這是什麼，如何解決我的問題。

說到問題，到底有哪些問題需要被解決呢？ Elton 在裡面說了大家急需解決的問題前兩名。第一個當然是**金錢**，第二個則是**關係**。他一講我才發現，這不正是詐騙集團最容易騙我們的兩件事情嗎？

也因此我的第二個運氣好，是因為我剛好攀上了關係。畢竟我學的是溝通表達。當時學溝通，就是希望解決關係問題。然而誤打誤撞下，現在在職場中，表達也變得十分重要，拿下一個好提案，也就意味著錢能夠進來。

好，也許你可能會疑惑說，即便是這樣，那到底這跟文字有什麼樣的關係呢？這時候就要講到我看得五體投地的「四癮」架構。Elton 說，他的概念分別是吸引，導引，勾引，上癮。

我覺得「四癮」聽起來好像有點可怕，因為我曾經在賣場做過試飲員，我忽然發現完全適用，所以我來用「試飲」的概念說說好了。

一開始的「吸引」，就是要讓你注意到他，所以如果商場有果汁試飲，我肯定會大喊免費，這時候你不就被免費吸引到了嗎？

　　接著是「導引」，當你接近之後，我就會說，這是我們獨特的夏日特調，絕對是別家喝不到的口味。

　　這時候你可能就有點好奇，是怎麼樣的口味。然而你喝下去後，發現真的還不錯，這時候我就會繼續做介紹（勾引）。

　　是不是很好喝啊，我們的祕方其實是酸跟甜的完美搭配，所以你喝下去是不是有什麼樣的感受，而且這款真的賣很好，因為既天然又健康。

　　沒錯，你開始有點動搖了，但你可能會擔心價格。於是我一定會告訴你有在做活動，如果那天有贈品，我還會跟你說，你等等買完回來找我，我多送你一罐（上癮）。

　　老實說，這可是我學了 NLP 之後才意會到的各種技法運用，卻被 Elton 的「四癮」完美破解。而如果你也有被我說服的感覺，其實我整篇文章也是透過這樣的結構寫的，你可以翻回去感受一下。

　　所以你會發現其實不是你的知識或課程不好，只是少了連結讀者心中渴望的那座橋梁。那就讓 Elton 的這本書帶著你深入，一步一步了解讀者的心！

注意看，這個男人太狠了

《好女人的情場攻略》Podcast 節目主持人 **路隊長**

我第一次知道 Elton 這位老師是在 2017 年。

當時的我，正與幾位共同創辦人經營新創網路媒合平臺「鐘點大師」。

我們希望能尋找有銷售高單價課程的講師們一起合作，為平臺拓展更多的營收。

我發現在臺灣，Elton 老師是少數可以單純透過文字就能創造營收的人──說得更仔細一點，就是把銷售型的文案，發布在網站、部落格和臉書，就把他自己上萬元的課程賣得風生水起。

這件事情讓當時還是行銷和文案小白的我，大感驚訝！爾後，我也開始上 Elton 老師的文案課程，跟隨 Elton 老師進入了運用文字力來銷售知識型商品的世界。

幾年過去了，我不敢說我已成為了文案高手，但讀到這本書時，讓我回想起他的課程帶給學員的紮實感，如同這本書裡滿滿乾貨一樣，提供了各式各樣的結構、公式、元素，讓我不再覺得發想文案，就像登天一樣的困難。

2020 年，我開始了自己的 Podcast 節目《好女人的情場攻略》，當時我只花了不到半天的時間，就成功寫出了我的節目定位。

「好女人的情場攻略，是一個提供上百位專家的兩性情感知識的日更型 Podcast 節目，給 28-40yrs 單身未婚女性，使他們可以走出失戀和人生低潮，成為更好的自己，遇見理想型。」

我想這段文案的起點，都要歸功於 Elton 老師在七年前種下的種子，帶領我進入了文案的領域。

直到今日，《好女人的情場攻略》陸續推出了二十多堂叫好叫座線上和線下課程，為推廣而撰寫的銷售文案裡，都有經過 Elton 老師文案教學洗禮的影子。

在這個資訊爆炸和競爭激烈的時代，這本書絕對是知識變現的終極文案寶典。它為你提供了一個全面的解決方案，從知識的價值提取到銷售技巧的精髓，再到如何建立自己的知識品牌。這本書內容包羅萬象，任意翻開幾頁，你就能獲得更多的靈感。絕對是一本必讀之作。

所以，不論你是講師、自由工作者、自媒體經營者，趕緊跟著 Elton 老師一起進入一個用文字變現的世界吧！

銷售文案和你想的不同，
掌握底層邏輯人人都能寫出變現力

《高勝算的本事》作者、鉑澈行銷顧問策略長 **劉奕西**

在知識經濟時代，知識變現成為了一種新的趨勢。然而，如何讓自己的知識變現，卻是許多人面臨的困境。

我成為知識自雇者已經七年，在這段期間嘗試過各種知識變現的實踐，也獲得了一些不錯的成果。我認為，知識變現的重點包括：

1. **知識價值**：知識的價值，來自能為他人解決問題或提供幫助。

2. **目標受眾**：針對明確的目標受眾，了解他們的需求和痛點。

3. **產品服務**：將知識轉化為產品或服務，來滿足目標受眾的需求。

4. **銷售文案**：讓目標受眾接觸、理解並認同產品或服務的價值，進而願意購買。

許多人覺得自己有專業、能為他人解決問題，也清楚受眾是誰，甚至也懂得如何將專業與能力包裝為一個知識產品與服務。然而事實是，做著會笑的夢，醒來卻一點也笑不出來。

為什麼會這樣？因為根本沒能被受眾看到、看到了不覺得有需要、覺得需要但不認為有那個價值，甚至同類型的產品或服務有很多，為什麼一定要買這個？

問題出在哪裡？就是你看到的銷售文案。

「沒有任何文案，能無中生有創造出對一個產品的渴望。」

「文案，只能讓本就存在於人們心中的希望、夢想、恐懼和欲望，聚焦於特定的產品之上。文案的工作，並不是試圖創造出這個眾人之欲，而是建立管道並引導其流向。」

這是 Eugene M. Schwartz 在《Breakthrough Advertising》這本經典書中對文案本質的描述。

很意外的，我在郁棠的書中看到了相似的觀點與提醒。

他用「吸引、導引、勾引與上癮」四個步驟，說明了銷售文案的底層邏輯，也讓我重新審視了銷售文案的本質與重點：

- **標題要夠吸引，但不要過度承諾。**
- **內容要做導引，但不必長篇大論。**
- **誘因要會勾引，但不會人人買單。**
- **結尾要能上癮，沒能加速行動、就會打消衝動。**

巧妙運用書中的技巧，任何人都可以寫出打動人心的銷售文

案。郁棠在書中引用了大量的實證案例來説明四個步驟中的技巧運用與成效，這是我認為書中極具價值的部分。

然而，讓我印象更深刻的卻是破除迷思與盲點的部分。

曾幾何時，我們對於銷售文案的認知，已經和直銷或業配畫上了等號，甚至視為一種貶義詞；認為應該專注在內容的質量，而不是靠文案包裝來譁眾取寵。

「是金子，總會發光的。」

然而，只有發光的金子才會被看見。

以往一個人需要不斷提升能力、做好準備，才有可能從眾多競爭者中脫穎而出，爭取到得來不易的少數機會；但現在任何人都可以在網路上發表一篇文章，短短幾小時內就形成擴散，並創造出屬於自己的機會，這就是文案的力量。

光説不練，很容易被看穿是假把戲；但是光練不説，你的價值並不會被看見，也沒戲。

聰明如你該知道：**將時間用來創造價值，而不是拿來等待。**

這年頭，酒香最怕巷子深

《Life 不下課》Podcast 節目主持人 **歐陽立中**

　　這幾年有個詞特別夯，叫做「**知識變現**」。很多得知這概念的人眼睛一亮，開始躍躍欲試，花了很多時間充實知識、準備課程、反覆演練，直到登臺開講那一刻。才發現，怎麼底下學員沒幾個，算一算，連場地費都回不了本啊，還談什麼知識變現？

　　你問我為什麼這麼清楚，因為我曾是上面這個悲劇故事裡的主角啊！那時的我，深信「酒香不怕巷子深」，所以釀了好多罈知識的美酒。結果放到酒都餿了，還沒什麼人上門。

　　後來我才領悟，酒香的店到處都是，但人家憑什麼選你？除了你累積的口碑之外，最重要的關鍵就是你寫的「文案」：能不能吸引讀者注意？是否引起讀者共鳴？有沒有讓讀者採取行動？

　　至於知識型產品文案該怎麼寫？我花了很多時間摸索，才隱約理出點頭緒，真要問我，一時半刻我也很難說得清。但回頭一看，不得了！我的講師朋友郁棠，竟然已經把它變成一套系統，寫成你現在讀到的這本書。

　　我在想，要嘛就是他不開課了，不然怎會把壓箱寶全盤托

出；要嘛就是他太佛心，不忍心看到有才華的你，困在文案的迷霧中。但郁棠的課依舊班班搶手，所以可以確定，這本書絕對是他的佛心之作。我拜讀完這本書，發現他有三大佛心之處：

第一佛，敢談變現，沒有知青偶包

錢不是萬能，但沒錢萬萬不能。可是一提到知識變現，很多知青就退縮了。可能覺得自己不夠格、可能覺得談錢很尷尬。看到別人靠知識賺錢了，又覺得憑什麼，心有不甘，於是挖苦譏諷。從知識到變現，有一段路要走，這本書能讓你少走冤枉路。

比方郁棠說：「文字是知識變現最好的起點。」、「不是每個人都適合做影片，而文字永遠不會消失。」、「文字啟動速度極快，試錯成本極低。」我點頭如搗蒜，因為我自己就是從文字起家的，深知寫作是知識變現的最短距離。

第二佛，招式給滿，沒有東藏西閃

可能我寫作書讀多了，讀到後來，能判斷內容有沒有加水？作者有沒有藏招？因為我不想把時間浪費在跟你玩躲貓貓的作者。可讀郁棠的書，我幾乎情不自禁地讚歎：「有料！」他根本是文案分析控，凡經過他眼前的文案，都逃不過他的火眼金睛。

這篇文案好在哪？壞在哪？課名取得好不好？一眼就看穿，所以他有辦法在書裡告訴你「讓課程變很好賣的兩大要素」、「知識變現的十個旅程」、「暢銷的十四個元素」，招式給好給滿。想學文案，才華不是必要，但照著郁棠教你的招式依樣畫葫蘆，非常必要。

第三佛，案例成堆，不是紙上談兵

我最受不了的書就是那種，超會講理論，但當你想看案例時，作者就巧妙帶過。為什麼？因為作者實戰經驗不多，手邊案例缺貨啊！郁棠最讓我佩服的就是他的案例沒有乾旱期，永遠都是如此豐沛。比方他講痛點，給你案例「為什麼加薪的永遠是別人？」談賣點，案例再丟「第一次看到就買單的文字祕訣。」教驚點，案例信手拈來「天哪！我竟然冒著失業風險，告訴你這些……」

畢竟概念是抽象的，案例是具體的。我很清楚，郁棠的寫書之道，不是炫技，而是真的想讓你學會，而且敢用。

說真的，要有才華不難，肯練習就有；要有知識不難，肯努力就有；但要變現很難，因為「**勇氣**」、「**熱情**」和「**方法**」缺一不可。你恐怕撐不到口碑發酵就關門大吉了。學會寫文案，不是為了吹噓產品有多厲害，而是為了別讓自己的才華受盡委屈。你說是吧！

/ 目次 /

第一篇　知識變現的起點

第二篇　知識變現的邏輯

第五篇　知識變現的英雄旅程

第六篇　化問題為助力

第七篇　為自己加值，從學習開始

永不設限

謝謝你翻開這一頁，讓我們透過這篇文字展開對話。

寫這本書的目的在於：我希望讓你學會「如何讓人們看完你寫的文案之後，付費購買你的知識型產品」。為你從此打開一條知識變現的捷徑。

過去八年來，我透過文字已經累計了不少銷售知識型產品的經驗，並且創造了些許成果，單價從數百元、數千元到數萬元的課程都有。時薪六十萬是靠它，第一次開課不靠親友賺十萬也是靠它，第一次看到就買單還是靠它。

文字你我每天都在使用，唯一的差別在於文字變現的效率。

我沒有特別厲害，我沒有顯赫的學經歷背景，也不是什麼大神級人物，我就只是個平凡人。

正因如此，相信只要方法正確，你也能做到我曾做到過的事情，甚至做得比我更好！而這本書就是告訴你如何做到。

什麼是知識型產品？

「知識型產品」就是以知識內容作為收費的產品，泛指線上預錄課程、線上同步教學課程、線上直播講座、實體課程、實體講座、實體工作坊、實體讀書會等等。另外，有些人會把非實體類型的教學內容（特別指線上預錄課程）稱為資訊產品。

本書內容的適用範圍不限於線上課程或實體課程，為求行文流暢，內文將優先使用「知識型產品」或「課程」指稱。

什麼是知識型產品銷售文案？

所謂「知識型產品銷售文案」，就是以銷售知識型產品為標的的一種文案類型。儘管它也是具有商業目的的文案，但和其他類型文案不同的地方在於因為銷售標的不同，所以用字、內容與結構的細節上存在差異。

過去在網路上有些人會習慣稱呼這類型的文案為「銷售文案」，但銷售文案這四個字所代表的意涵，並非只有限定於知識型產品的銷售，還有許多人認為這是泛指以銷售為目的的文案類型，因此用「銷售文案」四個字來稱呼，反而容易混淆。所以在本書中將以「**知識型產品銷售文案**」為主，簡稱則使用最短的「**文案**」兩字。

為什麼學習這件事情這麼重要？

有才華的講師招生太辛苦

我曾經參加過一場實體讀書會，講師的簡報內容堪稱完美，授課表達也在水準之上，但是，就是這個但是！這場讀書會現場只來了五個人，一個人只收三百元，算一算報名費連場地費也賺不回來。

我看過很多有才華的講師，對教育訓練非常有熱忱，教學手法也十分卓越，但是當他們開課招生時卻非常辛苦，其中一部分的原因，來自於他們不懂得撰寫文案，尤其是這裡指稱的「知識型產品銷售文案」。

原因在於，除了文字技術的不足，他們也缺乏商業行銷的觀念，因此在文字表達上，往往很難吸引受眾的目光，甚至連課程內容規劃上都顯得劣勢。

我不是說課程規劃不好，而是明明是一門好的課程，但受眾不知道或者覺得自己不需要，反而轉身購買課程內容比較差但卻很會行銷、很懂得取悅受眾的課程。

創業與斜槓變得容易，人人都可知識變現

仰賴科技與網路的發達，這個時代創業比以前容易太多了，只要透過知識付費項目，每個人都能透過網路創業或者開啟斜槓事業。以前需要依靠資金與人脈才能創業，現在網路為我們畫了一條捷徑。而且，只要你會打字，只要電腦能連上網路，創業馬上就能開始了。

想讓產品賣得更好，
就要從銷售者變成指導者

事實上，就算不以知識變現為目標，只要是想讓產品賣得更好的人，就必須要開課，讓自己成為專業領域的指導者。

舉個例子，如果你要推廣助眠產品，可以舉辦紓壓講座或課程，帶給客戶更多關於健康好眠的觀念、知識與方法，並與產品的賣點做連結，當客戶實際獲得幫助時，就更願意買單。因為你的身分，不再只是銷售方，而是搖身一變成為指導者。

不是每個人都適合做影片，
而文字永遠不會消失

在自媒體時代，影音內容占據了人們的注意力，所以許多人經營自媒體時，都會把 YouTube、TikTok 畫進藍圖。我不否認影音的威力，我自己每天都會看 YouTube，也會接觸各種類型的短片。我認為如果你想經營自媒體，製作 YouTube 節目或者拍攝 TikTok 短片，都是很好的主意。

然而，問題在於不是每個人都有時間製作影片，也不是每個人都擅於製作影音內容，更不是每個人都喜歡露臉當網紅。因此，影片行銷並不適合所有人。

影片確實會占據許多注意力，並瓜分大把流量，但影音內容會隨著時代更迭，而文字卻沒有被取代的一天。而且在 AI 的輔助下，透過文字將能加速你的網路事業。

當你掌握文字力，就創造了不可取代的優勢，因為只需要文字就能變現，甚至在擁有知識型產品之前，就能夠用文字賣出。

更棒的是，當你做好 SEO，文案只要寫一次，就能創造持續性的被動收入。

什麼是 Elton 風格的
知識型產品銷售文案架構？

如果你想讓知識型產品賣得更輕鬆，「Elton 風格的知識型產品銷售文案」就是值得你學習的寫作模式，這是我累積多年的學習成果與實戰經驗歸納而成的文字技術。

你可能好奇，既然都是文案，我與他人的寫法有什麼不同？

首先、架構簡單好用

我從銷售低價到高價的知識型產品，都是運用這個架構，它包含「吸引、導引、勾引、上癮」四個步驟，我把它稱為「四癮」架構，非常簡單、好記、好用。

第二、提升銷售成果

我不教你寫漂亮的文案，展示型文字並非本書重點。透過這本書教你的方法，將能幫你為知識型產品撰寫文案，並且透過它提升銷售成果。

第三、完整教學內容

我把所有好用的文字寫作技術都整理在這本書裡，也結合了過去課程內容，本書就是「知識型產品銷售文案」的一門課程。

第四、多元類型範例

我整理了自己的、學員的、朋友的文案，作為本書主要範例，並加入一些知名講師、課程的文案，作為本書輔助範例。透過各類型範例，你可以看到新手、高手與老手在包裝上的差異。

另外，課程的類型廣泛，包含商業行銷、網路創業、投資理財、職場技能、親密關係、身心靈、健康保健、語文學習……等等，不論你身在哪個產業，不論你對什麼知識內容感興趣，幾乎都能找到對應的範例。

你能學到什麼？

在這本書中，每一篇文章就是一堂課，我把「知識型產品銷售文案寫作」的教學分成七篇，共計 49 堂課。

第一篇：知識變現的開始

第 1～3 課，我將與你分享知識變現的難題，包含了不知如何開始、不知道市場在哪裡、不知道怎麼賣出去、不知道如何賣下去以及不知道怎麼獲利等五大問題，而「它」就是這一系列問題而生的解答。

第二篇：知識變現的邏輯

第 4 ～ 7 課，我們將探討能賣與好賣之間的差別，在於是否具有解決特定問題的市場性。接著，透過價值提取的三個步驟，確保知識型產品在你能力所及範圍之下，有足夠的商業價值。我還會告訴你，暢銷又長銷的課名該怎麼設計，讓你的知識型產品自帶好賣基因。

第三篇：知識型產品銷售文案架構

第 8 ～ 16 課，我將與你分享 Elton 風格的知識型產品銷售文案的架構與祕密：分別是吸引的七個魔法、導引的四個訣竅、勾引的四個誘因，還有上癮的八種催化。透過它們你可以撰寫任何類型的知識型產品，即使是售價上萬的課程，也有機會做到讓受眾第一次看到就買單。

第四篇：讓學員成為你的代言人

第 17 ～ 24 課，沒有口碑的產品終究會消失，為了持續創造好口碑，關鍵在於讓學員做出成果以及獲得良好的學習感受。我將與你分享五個讓學員為你代言的方法，以及如何透過內源性獎勵與外源性獎勵激發行動。

第五篇：知識變現的英雄旅程

第 25 ～ 36 課，講師絕對是課程的靈魂所在，所以要在文案中粉墨登場。這篇我將帶你踏上知識變現的十個英雄旅程，讓

你的經歷成為一段觸動人心的故事，既有親切感，又具權威性。

第六篇：化問題為助力

第 37 ～ 42 課，提升銷售轉換率，從化解受眾的疑慮和疑問開始，我將提供四種情境下的問題攻略，化受眾的問題為銷售的助力，提升第一次看到就買單的機率。

第七篇：為自己加值，從學習開始

第 43 ～ 49 課，先從最重要的調味料談起，它不是文案主體，卻是文字中不可或缺的元素。

接著我將分享如何善用科技提升寫作效率，然後，再分享一人公司創造億元收入的三個步驟。還有，當你闔上這書本後才開始的一堂課，而你將做出最後的選擇。

零經驗，也學得會

或許你過去從來都不擅長寫作文，或許以前你從來沒寫過文案，因此想著自己怎麼可能學好知識型產品銷售文案呢？請放心，一開始我也什麼都不懂，靠著自學寫下第一篇文案，後來一邊實戰，一邊廣泛學習。現在我把我的經驗寫成這本書，讓你從零開始，循序漸進的學習。

不管有沒有文案基礎都能開始

如果你已經有商業文案的基礎，現在繼續學習知識型產品銷售文案將更快上手。

如果你沒有商業文案基礎，等你學習完知識型產品銷售文案，再去學習其他類型的文案也會有所幫助，因為許多行銷概念是相同的。

所有的雷，我都幫你踩過一遍

我累積了一些成功經驗，但同時也累積了一些失敗經驗，這些經驗讓我知道哪些事情可以複製，哪些誤區絕對不能觸碰。我投入了大量的時間建構這門知識體系，讓你可以更容易的學習。

除此之外，你不需要親自踏入陷阱才知道哪裡有危險，因為我打算現在全部告訴你，你唯一要做的事情，就是花點時間閱讀這本書。

文字是知識變現最好的起點

文字，是知識變現最好的起點，因為，啟動速度極快，試錯成本極低。當你學會它之後，可以透過它銷售自己的知識型產品，幫助自己做到知識變現。你可以透過它推廣你覺得值得分享的課程，讓好課程不輕易被埋沒。

當然，你也可以與不會寫文案、但有真才實學的老師合作，幫他寫文案、幫他賣課程，從而獲得接案收入或獎金抽成。

永遠不要為自己設限

俄羅斯歌手維塔斯（Vitas）因雌雄難辨的高音被譽為「海豚音王子」，一首《Opera 2》直達天際的高音，讓他一舉成名。

2007 年，維塔斯第一次來臺灣開演唱會時，有位資深音樂人特別前去「踢館」，他在接受記者採訪時表示，他認為不可能有現代男人可以唱得那麼高（除非是古代的閹割男高音），所以他要親耳見證。

很多人可能不曉得維塔斯的音域到底有多高，舉個例子，《青藏高原》這首以複雜轉音與超高音域聞名的歌曲，最高音是 B5，如此高音已讓很多女歌手難以駕馭。以下是演唱過這首歌的歌手，包含李娜（原唱）、索朗旺姆、龔琳娜、韓紅等人，看到這些歌手的名字，不難想像《青藏高原》這首歌的難度。

而維塔斯現場演唱的最高音，竟然達到了 B7。B5 到 B7 之間，可不是只有兩個音的差距，而是橫跨足足兩個八度音的距離。當我第一次聽到維塔斯唱到 B7 這個音時，還以為開水燒開了。

透過這個例子，我只想告訴你：永遠不要為自己設限，別人口中的不可能，就是你的可能。

此時此刻，你即將為自己，翻開充滿無限可能的扉頁。

只要你，不設限。

第一篇

知識變現的起點

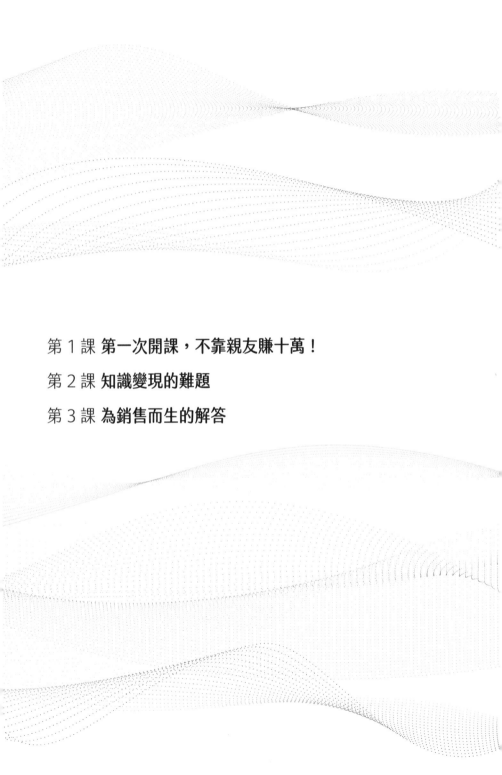

第1課
第一次開課，不靠親友賺十萬！

多年前某個禮拜六早上約莫七點四十五分，我被手機的叮咚聲吵醒，原來我收到了一封電子郵件。我睡眼惺忪地滑開手機，看著螢幕畫面，突然覺得眼睛有點熱熱的，似乎有什麼在微微翻滾著……

過去有段時間我工作很忙碌，當時做的是社群行銷，主要業務是臉書粉絲專頁代操、部落客口碑行銷等，客戶類型包含了專業工作者、新創團隊以及中小型企業。在密集的接案下，累積許多行銷經驗，為客戶在有限的預算內，創造了讓客戶滿意的成果。

在接受客戶、朋友洽詢服務的過程中，由於不是每個人都有足夠的預算外包，於是有人問我能否「開課」，把我在行銷與文案的經驗、知識、技術分享出來，當他們學會後，就能親自執行這些工作。

當我第一次聽到這個提議時，腦袋閃過自己站在臺上手舞足

蹈的授課，而臺下聽得如痴如醉的畫面，我甚至感受到自己的心跳微微加速。嗯，好像很有趣的樣子。

或許當下有那麼一點幻想，但剛開始我並沒有這個打算，畢竟每天處理手邊的案子，我與團隊都夠忙了，而且我又不是什麼大咖，會有人想聽我講課嗎？儘管我沒馬上「開課」，然而「開課」這個念頭，卻從此在我心中埋下一顆種子。

由於我漸漸觀察到許多人透過開課做到知識變現，這顆長埋心中的種子慢慢發芽了。我想不試試看怎麼知道自己行不行，如果失敗了，只是代表培訓市場不需要我而已；但如果成功了，是不是開闢了一個「斜槓」的事業？

雖然我不是什麼大咖，但相較於許多完全缺乏行銷經驗、只擁有領域專業的講師，必須與開課單位合作開課，或者等管顧公司派課才有課上；幸運的是，我擁有一些行銷經驗，所以我不用苦苦等待，只要我自己推廣自己的課程，就能透過行銷測試得到答案——市場可能不需要我，或者這是開啟斜槓之路的機會。

雖然我講得好像一切都很容易，但真正打算開課時，說不擔心是騙人的，畢竟當時在認識我的人眼裡，我是做行銷的，不是做講師的，而且我確實沒有太多的授課經驗，五隻手指頭都數得出來。

更糟糕的是，由於當初接案時口碑良好，幾乎所有的客戶都是透過客戶轉介紹而來的，所以即使我從事行銷行業，但卻沒有幫自己做行銷；換句話說，別說自己不是大咖了，除了朋友和客

戶之外，網路上沒有人知道我是誰！

感覺真的很不妙，對嗎？所以，你可以想像，當時的我經歷了一番掙扎。過程中想起流傳於業界的一個傳說，大概是這個意思：第一次開課別擔心，因為會有親友相挺。

雖然我也覺得不想靠親友，因為這樣感覺自己好弱，但話說回來，如果親友能當後盾，課程有了基本盤，至少會安心點，所以我決定大膽開課。

為了推廣自己的課程，我陷入一連串的思考：

思考課程要講什麼，要如何把我的經驗、知識、技術，變成一門吸引人的課程？

思考學員面臨的課題，有沒有什麼急於想解決的困難與挫折，而我的課程剛好能夠幫助到他們？

思考要如何介紹我自己，不然大家對我一無所知，誰會報名講師來路不明的課程？

思考是不是能徵詢客戶的同意，分享一些成功案例，否則要拿什麼取信於人？

思考文字的鋪陳順序，怎麼樣才能讓文字好閱讀，符合邏輯又不失吸引力，願意把所有的資訊看完？

思考文案的內容表達，怎麼樣才能讓文案好理解，又能說服潛在學員，讓他更願意按下報名按鈕？

思考要提供什麼與課程相關的贈品，能幫助學員解決問題，

同時強化報名誘因。

思考潛在學員可能會出現的疑慮，有沒有辦法事先解決，讓他看完課程介紹就直接報名？

思考課程的定價策略，要如何才能呈現課程價值，又能促使行動的價格方案？

當然，要怎麼行銷之類的問題，也是想過一輪又一輪。

在推廣課程之前，我思考了這麼多的事情，終於可以為自己長白髮找到理由。

做足了準備，搞定了前置作業之後，我帶著忐忑不安的心情，開始銷售我的第一門課程。

開放報名後，我變得非常留意手機通知，因為每一次通知都有可能代表有人報名，當然也可能是其他提醒，例如訊息或推播通知，但每一次的通知都撥弄著我的心弦⋯⋯

這輩子我第一次收到手機通知時感到如此緊張，每次聽到叮咚聲提示時，我並非馬上查看，而是需要讓自己先冷靜半秒鐘，才敢將視線移到手機螢幕上。緊張程度就像初戀時鼓起勇氣告白以後，一邊聽著自己砰砰砰的心跳聲，一邊既期待又怕受傷害的等待對方回應。

哇！有人報名，太好了！兩個人報名，太好了！三個人報名，這、這不是做夢吧？欸？等等，怎麼都沒有認識的人報名？不是說「第一次開課別擔心，因為會有親友相挺」嗎？

如果這樣下去的話，都沒有認識的人報名，招生人數不夠怎麼辦？雖然陸續有人報名，但是面對這種狀況，讓我不免緊張了起來。

　　週三正式開放報名，到了週六當天早上約莫七點四十五分，當我還在沉睡時，一陣叮咚聲突然打破了寧靜，手機通知的聲音讓我醒了過來，原來我收到了一則通知。

　　我睡眼惺忪地滑開手機，突然覺得眼睛有點熱熱的，似乎有什麼在微微翻滾著，我的視線因此而模糊。因為那是一封收款通知，它帶來最後一位報名者付款的消息，代表課程額滿了。

　　那是我這輩子第一次開課，課程一人收費五千元，共計二十名，營收十萬元，正式開放報名僅僅過了三天半。而在這二十位學員當中，只有兩、三位是原本就認識我的人，其餘全是沒看過我，甚至從來沒聽過我的人，但是他們卻報名了課程。

　　沒有大批親友相挺，反而更加證明了自己的價值，因此當我知道課程額滿的當下，內心充滿感動。

　　我非常幸運地在第一次開課時就獲得成功，而這份幸運來自於我的充分準備。我做出了一些正確的決定，而這些決定被很多人忽略。同時，這次經驗也讓我深刻體會到知識變現的挑戰，它不只是取決於技能滿點、才華洋溢與滿腔熱血，還需要克服許多困難，才能在第一次開課時取得成功。

　　也因為這次的成果，讓我開始踏上講師之路，為更多人提供更多價值。這個經驗對我來說是一個重要的里程碑，它不僅為我

帶來了成就感，也驅使著我繼續追求更高的目標。

在我踏入講師行業的幾年中，我運用了即將與你分享的文字技術，取得了一些令人開心的成果。

舉例來說，我曾創造一篇時薪六十萬的文案；在臉書上僅僅發布了五篇貼文，卻在短短六天內獲得了三十九萬的收入；透過純文字的電子報推廣，累計賣出了超過百萬的課程。此外，我也利用廣告文案銷售了超過八百套線上課程。

或許這些成果並不算驚人，但是在不同的平臺上，我成功地將文字轉化為實際收入，並且在這個過程中累積了寶貴的經驗。

這些成果證明了文字的力量，以及這些技術的有效性。我深信，透過良好的文字力，我們可以在各種平臺上兌現大腦中的商業價值，而我將幫助你在這個領域中取得成功的關鍵。

透過知識變現，創業與斜槓變得容易

仰賴科技與網路的發達，這個時代創業比以前容易太多了，過去我們需要依靠豐厚資金與龐大人脈才能創業，所以對許多人來說，創業是一個遙不可及的夢想。但現在時代變了，人人都能透過知識變現進行網路創業，或者開啟斜槓事業。

當我剛踏入社會時，就像其他社會新鮮人一樣，我的關注點主要是「如何找到工作」。但隨著時間累積了多元的工作經驗，我逐漸轉變了關注的焦點，開始思考「如何創造工作」，或者更直接地說「如何賺到錢」。

而「知識變現」正是這個時代為我們提供的一條快速賺錢的捷徑，只要你願意把握時代紅利，就算第一次告白，也能贏得青睞。

傳授知識建構與客戶之間的信賴關係

值得注意的是，就算你並非講師，知識變現也不是你所追求的。這個時代，凡是想讓事業精進、讓商品賣得更好的個人或企業，「開課」都是必須做的一件事情。

日本創業顧問吉江勝與北野哲正指出，「傳授教導」的好處在於讓客戶在價格因素之外選擇你，提供新的價值判斷基礎，讓自己的位置從「販售商」轉變為「老師」，建構信賴關係。

透過「傳授教導」方式，不僅提供商品或服務，而是提供價值幫助客戶成長，能建立起更深的連結。

作為「老師」身分，特別是在華語文化中，我們對於「師」字輩的人，往往會多一份尊敬，所以擁有一定的權威性和影響力。因此我們的建議更容易被客戶接受，這種信任關係有助於客戶忠誠度以及口碑建立。

簡單而言，你不用靠開課賺錢，但卻會因為開課而賺到更多錢。

小結：知識變現，文字先行

　　這一課以我個人的親身故事做開端，說明文字能創造的效益。接著，進一步分享知識變現的好處，讓創業與斜槓變得容易，而且傳授知識能建構與客戶之間更深厚的信賴關係。

　　接下來，我將在第二堂課和你分享知識變現的難題，讓你重新檢視現況，讓這些難題不再阻礙你；在第三課我將告訴你為銷售而生的解答，更棒的是，這個解答是可以被複製的。換句話說，幸運，也是可以被複製的，而我的幸運，也可以被你複製。

第2課
知識變現的難題

　　「知識變現」就是把自己的知識、經驗、技術變成產品或服務，透過提供價值獲得報酬。

　　所以「知識型產品」就是以知識內容作為收費的產品，最常見的知識型產品就是「課程」，泛指線上預錄課程、線上同步教學課程、線上直播講座、實體課程、實體講座、實體工作坊、實體讀書會等等。

　　如果你的知識型產品屬於預錄型的線上課程，由於只需要製作一次，不需每次開課都重新備課、重複講述，所以它是一個真正的「商品」，只要能持續銷售，就能持續獲得收入。像養了一隻會下金蛋的母雞，我們只要每天等牠下金蛋就行了。而這類型的知識型產品，也被稱之為「資訊產品」。

　　我很幸運第一次開課就成功，後來也開過大大小小的實體課程、講座及讀書會。有段時間為了提升知識變現的效率，我轉做預錄型的線上課程，一、兩個小時的小課程或是七、八個小時的

大課程我都曾製作販售過。後來由於體認到線上課程在學習上的一些限制，有段時間我只開設能大幅提升學習效率的實體課程。

經過八年的學習與累積之後，現在我的《文字力學院》是以線上課程（包含預錄型與線上同步教學）為主、實體課程為輔的混合式教學，讓學習的綜效最大化。

這些年，我在知識變現的路上累積了些許經驗，以結果來看，我很幸運的避開或者是很努力的克服許多知識變現的難題。由於這些難題決定了知識變現的起點，所以我們來談談這些難題，讓你重新檢視現況，讓它們不再阻礙你。

難題一、想要知識變現，但不知道如何開始

儘管知識變現聽起來很棒，許多人躍躍欲試但卻不知道如何開始。從知識變現遇到的第一個難題為起點，我們看到了更多背後的難題。

不過老實說，最大的問題往往不是「技術」問題，更是「心態」問題，包含自我懷疑「我怎麼可能和這些大神相比」、缺乏勇氣「如果失敗了怎麼辦」。

如果無法克服心態問題，知識變現就不可能開始，這是知識變現的第一個難題。

難題二、沒有知名度，不知道市場在哪裡？

當一個人有知名度，就會有許多合作機會，包含來自線上課程平臺、實體開課單位與管顧公司的課程邀約，等到這個時候，知識變現不會是難題，因為機會源源不絕。

有些職業講師靠管顧公司的企業邀課就年收千萬，因為太多企業都「指名」要找這位講師。某知名 YouTuber 因為頻道經營得很好，訂閱人數破百萬，於是線上課程平臺就邀請該 YouTuber 開一門線上課程「教大家怎麼經營 YouTube」，這名 YouTuber 斜槓的輕鬆愜意，知識變現得來全不費工夫。

之前我曾經與不同的實體開課單位合作過，而我也會接到管顧公司的邀約，但這是因為我持續在培訓市場耕耘，創造能見度與累積口碑之後才獲得的機會。

或許你不想成為職業講師，也沒興趣成為 YouTuber，也沒想過要在培訓市場耕耘。然而當一個人沒有知名度的時候，不論是線上課程平臺還是實體開課單位，都不會找你合作開課，管顧公司更不可能邀約一個沒有經驗的新手。儘管你很想和它們合作，但他們不會因為你很誠懇就點頭同意。

創業顧問陳政廷指出：「想要選擇與通路合作，但如果你和對方既無鐵打的交情，又無法證明自己的票房和實力，如何要求通路把他們的商譽和客戶押在你身上？」

因此當一個人沒有名氣的時候，想靠與平臺、通路合作的想法來盈利，實在太天真了。

換句話說，你需要他們，但他們卻不需要你，這時候你完全不知道市場在哪裡，因為沒有人幫你。這是知識變現的第二個難題。

難題三、不與他人合作，但自己卻不會賣

和外部單位合作固然有其優點，可以讓你在推廣上變得相對容易，即使你對行銷一竅不通也沒有關係（當然，如果你懂行銷，線上課程平臺與實體開課單位會更樂意）。

但和外部單位合作也會有很多限制，例如當你與線上課程平臺合作，就必須讓出課程規劃、錄製、更新的自由度，上架後當你想升級課程內容，也不是說改就改。還有，最讓人卻步就是被大量的抽成。

也許你早就知道以上的狀況，所以你並不想和外部單位合作，不如自己推出知識型產品，擁有最多的彈性，同時保留更多的利潤。雖然這樣感覺很棒，但問題又來了，如果不與外部單位合作，不僅需要花費心力學習更多的網路行銷知識與技術，當一個人沒有知名度時，推廣上也沒那麼容易。

簡單而言，就是自己不會賣。這是知識變現的第三個難題。

難題四、
一開始只能賣給親友，然後就沒有然後了

雖然上述三個知識變現的難題主要來自於新手，不過，新手反而擁有一個老手沒有的優勢——第一次可以賣給親朋好友。

相信你一定遇到過很多人會私下請教關於你的專業的問題，他們有困難，而你有解答，代表他們都是潛在客戶。而且自己人總會挺一下自己人，所以第一次開課或者第一次賣知識型產品，直覺上應該不是問題。

如果幸運的話，你的第一個知識型產品的營收，確實全部可以靠親友撐住，如果課程很受歡迎，這是好口碑的開始。據我所知，有些公開班講師就靠著口碑相傳，一直順利開課下去，規模還越來越大呢！

可是這不代表所有人都能這麼順利，就像我一開始雖然並不想靠親友，但總認為至少有基本盤。結果第一班只有 15％是認識的人，剩下的 85％全是陌生人，重點是，搶先報名的都不是我所認識的人。

你要知道的是，你的親友不代表是你的目標受眾，不論在社群平臺上你們的互動有多熱烈，就算是認識的人，只要是要請對方「掏錢」，所有的人都會變得「冷靜」。如果你是新手，就算大家都已經認同你的專業，還是可能會先「觀望」一陣子。

你可能想，私下向你請教的人也不少，他們應該都是你的第一批學員。老實說，私下請教的人，往往都是來問免費的，不然

他早就付錢給你或者去上課啦！

就算一開始很順利賣給親友，但也可能因為某些原因，然後就沒有然後了。而且問題不是單純靠廣告投放就能解決，也不是學會網路行銷就能躺著賺，即使一開始就不靠親友也一樣。

雖然這個原因不完全算是知識變現的難題，但卻會大大影響知識變現的收益性與持續性，同時需要更多篇幅來說明，所以會在之後的篇章進一步解析。

難題五、
懂自媒體經營與內容創作，但卻無法獲利

或許這個時候有人就想：「會遇到這麼多難題，不就是缺乏知名度嗎？有知名度就好辦啦！馬上開始經營自媒體與做內容行銷啊！」

關於這點，我同意一半，因為如果方向對了，自媒體經營對知識變現會有很大的幫助；但如果方向錯了，累積再多的臉書粉絲、IG 好友與 YouTube 訂閱，對知識變現的幫助都有限。兩者最主要的差異在於，你經營的受眾是「客戶」還是「觀眾」。

如果你經營的是需要你的專業知識的客戶，那會很有幫助，即使你的粉絲、好友、訂閱都不算很多；相反的，如果你經營的是吃瓜群眾，是來看戲的觀眾，但對你的專業知識沒有任何興趣，大概只有超級鐵的鐵粉才會願意買你的知識型產品（就像是割韭菜一樣）。

以我自己為例，我曾在 2021 年於個人臉書上貼文推廣課程，六天賣出了三十九萬，但當時的好友數約只有兩千人左右，這是因為我的好友名單中，除了現實生活中的朋友之外，有許多算是潛在客戶，而非只是觀眾。

經營自媒體的好處是能夠「聚眾」，但是知識變現的最後一哩路則需要「成交」，如果沒有足以「成交」的能力，就有可能經營半天最後卻沒有獲利。

如果是兼職、斜槓從事自媒體經營，還可以按照自己的節奏慢慢來，反正還有其他收入；但如果是全職做自媒體創業，這就是一件很恐怖的事情，因為「聚眾」需要時間累積，「爆紅」也需要一點運氣。如果收入短缺，又沒有時間等待，總不能把事業的成敗全壓在無法預期的「爆紅」上吧？

自媒體經營需要「時間」，但知識變現卻講究「時機」，當你領先所有人獲得市場所需的知識，這門知識就有很高的價值，可以很輕易地做到知識變現；但是當所有人都已經學會它，這門知識就變成了常識，知識變現的利潤就大幅縮減。

小米創辦人雷軍曾說過一句人人耳熟能詳的名言：「在風口上，豬也會飛。」在知識變現的風口上，如果你因為等待，因為覺得自己還沒準備好，那你永遠只能擁有「知識」，然後看著別人「變現」。

這是你希望看到的結果嗎？

小結：讓知識變現卡關的五大難題

最後，我們來盤點一下知識變現的五大難題：

難題一、想要知識變現，但不知道如何開始。

難題二、沒有知名度，不知道市場在哪裡？

難題三、不與他人合作，但自己卻不會賣。

難題四、一開始只能賣給親友，然後就沒有然後了。

難題五、懂自媒體經營與內容創作，但卻無法獲利。

雖然這五大難題環環相扣，但如果你想解決它們，你只需要一個方法，不論是短期或長期都能持續幫助你，而且再也不會錯過最佳時機。關於這部分的討論，我將在第三課與你分享——為銷售而生的解答。

第 **3** 課
為銷售而生的解答

上一課我分享了知識變現的五大難題，雖然感覺起步時最大的問題是在「知名度」，但我認為更重要的關鍵是在「**銷售**」。由於「知名度」需要時間累積，但只要你會「銷售」，就能快速克服知名度的問題。

看到這裡，你不用擔心，我不是要你做直播銷售，除非你本來就是擅長帶貨的直播主；我也沒有要你馬上去學網路行銷，行銷技術固然重要，但如果你一開始什麼都不會，不如少做一點事情，還更有效率，也比較不會打擊信心。

為了幫助你理解，我們先來破解知識變現的五大難題：

一、直接測試市場：
破解「想要知識變現，但不知如何開始」的難題

如果只是想要「開始」，那真的沒有那麼複雜，做好前置準備，準備一個「最小可行性產品」（Minimum Viable Product, MVP），直接測試市場做問卷調查，或者像我一樣，直接開賣就好。

先做問卷調查的好處，在於你將更懂得受眾的痛點，以及他們真正想要的是什麼，撰寫文案時就不用「猜」了。直接開賣比較大膽，但即使失敗了，也沒有什麼損失。更何況，萬一不小心成功了呢？

開始永遠不是問題，有問題的永遠是意願。連烏龜都知道要聽老鼠師父的話，離開下水道了，如果一個人連行動的勇氣都沒有，那最好趕緊離開知識變現的賽道。

二、創造信任感：
破解「沒有知名度，不知道市場在哪裡」的難題

知名度雖然會影響銷售的難易度，但只要能創造信任感，透過知識型產品提供價值，就算是新手也一樣會有人買單。

當你的知識型產品有一定的人數買單，就證明是有市場的。而且正因為是新手，往往更能理解目標客戶的痛苦，因此能賣給一些老手和高手難以觸及的客戶。

就像當初很多人來上我的課，並不是因為我的授課經驗豐富，而是因為覺得我能點出痛點，讓他們感同身受，所以就算對我所知有限，他們也願意付費報名。

自媒體時代，文字能創造信任感，因為能完整表達，展現專業；文字也是事業加速器，因為你只要會打字，就可以馬上開始，無需等待。低門檻、高價值、啟動快，就是文字的優勢。

而我將在之後告訴你，如何透過文字先創造親切感，再樹立權威感，兩者兼備就是信任感的來源。

三、透過銷售型的表達框架： 破解「不與他人合作，但自己卻不會賣」的難題

如果你已經「願意」銷售，接下來，「**如何**」銷售就是下一個課題。

你不需要靠其他人，也不需要很複雜的行銷技術，不需要拍攝影片，不需要露臉，只要學會銷售型的表達框架，有組織的把價值傳遞給受眾，「一篇文字」就能開始賣。也不需要複雜的行銷技術，透過社群平臺、通訊軟體、電子郵件就能傳播出去。

以前我就是這麼開始的，即使現在要推廣任何一門課程，我也是這麼做，因為執行效率極高，而且試錯成本極低。

如果以上你都覺得不困難，而且你還懂行銷，那麼恭喜你，已經前往成功的路上。

而我即將告訴你，這篇文字該怎麼組織，才是銷售知識型產品的最佳表達框架。

四、從正確的變現思維開始：破解「一開始只能賣給親友，然後就沒有然後了」的難題

　　如果希望這份事業能長長久久，透過正確的知識變現思維，讓你的知識型產品不只能賣，而且好賣，重點在於具有「**市場性**」，是大家所「需要」的課程。因為你鎖定的是目標客戶，而不是親朋好友，所以有親友支持很好，沒親友購買也沒關係。

　　就像與創業相關的課程永遠都有市場，因為創業極其困難，每位創業者都希望事業發展得更好，讓企業賺到更多的錢，尤其是當事業剛起步，根基尚未穩固時，需求最為強烈。

　　除此之外，知識型產品長銷的關鍵在於口碑，所以如何持續創造好口碑，以及如何運用這些口碑，這些方法一樣會在之後詳細說明。

五、邊經營邊獲利：破解「懂自媒體經營與內容創作，但卻無法獲利」的難題

經營自媒體與內容創作的關聯密不可分，有了自媒體，內容創作才有意義，自媒體是內容發表的基地，而內容是成就自媒體的基石。如同張忘形在臉書發表「忘形流簡報」，用好讀的文字與搶眼的圖片，把議題談得一清二楚、把觀念說得淺顯易懂，讓他的才華被大眾看見，在社群上成為溝通表達的高手。

然而，談到知識變現，很多人無法開始，或者撐不下去，問題出在無法獲利，但只要能「成交」，就沒有無法獲利的問題。而且這件事情並不會與自媒體經營衝突，雖然不是每個人都能一夕「爆紅」，然而在累積內容的過程中，就能測試市場，篩選受眾，找到客戶，創造獲利。

我向來是邊做內容邊賣課程，甚至先賣課程，再做內容，而不是慢慢做內容，直到天荒地老後才開始銷售。因為你永遠不知道市場要的是什麼，即使問卷調查很多人填寫，但只有「付費」才是真實的佐證。

另外，許多人想到經營自媒體時只把焦點放在製作影片，但不是每個人都有時間製作影片，也不是每個人都善於製作影音內容，而且影音內容會隨著時代更迭，但文字卻沒有被取代的一天。既然要透過學習提升自己，就要學習永不過時的技術，你同意嗎？

為銷售而生的解答：
Elton 風格的知識型產品銷售文案

很多人舉辦課程時，都會製作一個報名表，可惜的是，裡面的內容往往只是把課程資訊放上去，既沒有良好的表達架構，也沒有吸引人的文字技巧，如果只是這樣實在太可惜了，因為無形中會失去很多機會。

某些銷售文案寫法則過於重視銷售，完全不重視品牌，所以表達方式為人詬病，好一點的，浮誇；爛一點的，低俗。一切只追求立即變現，不管任何負面影響，因此，品牌價值不但不會累積，還會耗損。

在這樣的寫作邏輯底下，往往存在著「賺了就跑」的想法，當然不需要管品牌價值，就像詐騙集團的文案都寫得特別吸引人一樣。由於累積了這些較差的觀感，所以在不懂商業行銷的文字邏輯下，許多人又回到了只寫課程資訊的模式。

當初我第一次開課做對的事情，就是我寫了一篇別於上述模式的文字。完成後，我把它放在一頁式銷售頁上，然後到市場上測試。雖然現在回頭看那些文字實在粗糙，但也順利幫助我達成了目標，後來連續開了幾堂實體課程，之後更變成線上課程，證明市場需要這門課程。

於是我之後每一次推廣課程，我都會做一模一樣的事情，如果順利就繼續賣，如果不順利就修改內文，再沒有起色就乾脆放棄。我把它稱為「**知識型產品銷售文案**」，它就是為銷售而生

的解答！

「知識型產品銷售文案」就是專門用於銷售「知識型產品」的一種「文案」，它的文字架構百分之百用於銷售，所以不必絞盡腦汁、天馬行空、發揮創意，只要針對你的知識型產品好好寫完這一篇文字，就能有效率的成交。只要把它放在銷售頁上，即使過了銷售期，也能持續賣出。

而且我研發了一套屬於 Elton 風格的寫法，能創造短期銷售，但也留意文字背後帶來的各種影響，而且我會注意文字表達是否能讓品牌增值。

更因為我長期於培訓市場努力，也累積了課程、講座、活動、讀書會，線上或線下等經驗，因此讓我專精於「知識型產品銷售文案」，而且是短期銷售與長期影響都兼顧到的表達方式。而現在的你，可能剛好正在找這樣的老師。

小結：一個解答破解知識變現的難題

「直接測試市場、用文字表達創造信任感、透過銷售型的表達框架、從正確的變現思維開始、邊經營邊獲利」以上五點是面對知識變現難題的五個破解方法，而能夠同時做到這五點的，是一個為銷售而生的解答——Elton 風格的知識型產品銷售文案。

恬恬吃三碗公，賣得比我還輕鬆

有位身心靈領域的老師，有一門招牌課程，每個月至少舉辦一期，在沒有投放任何廣告也沒有積極招生的情況下，竟然每個月都額滿。聰明的你，猜猜看，她做對了什麼事情？

沒錯！她為自己的課程寫了一篇「知識型產品銷售文案」放在官網上，而且不斷優化內容，每次優化前都會徵詢我的意見。由於她的知識型產品銷售文案寫得很好，課程又具有市場性，再加上 SEO 的幫助，從此報名源源不絕，恬恬吃三碗公，賣得比我還輕鬆。

我們不用羨慕別人，重點是，你也想要有這樣的「被動收入」嗎？

第二篇

知識變現的邏輯

第 **4** 課
時薪六十萬的祕密

在《鈔級文字》的前言中，我提到「時薪六十萬」這件事情，但沒有揭露細節。如果你讀過《鈔級文字》這本書，或許你會好奇我是怎麼做到，或許你也想要做到類似的成果。

想在網路上賣出東西，千萬別學文案

在我嘗試了各種主題的課程之後，我發現最擅長且最喜歡的，是與文字力相關的主題，但並非文學創作的領域，也非單純文案寫作的範圍，而是透過提升文字的綜合表達能力，以改變為前提，在使用文字的各個場景，發揮更多元的影響力。

在我的知識技術體系下，展現文字力的路徑有兩種，一種是偏向商業文案的直接說服框架，一種是涉及潛意識溝通的間接表達模式，第一種比較簡單，第二種複雜多了。但你知道的，人都喜歡挑戰自己。好比湯姆‧克魯斯（Tom Cruise）每一部《不可能的任務》電影中，都會親自完成一個最重要的特技場景，這麼

做不只是為戲宣傳，更是為了挑戰自我。

　　然而直觀來看，這兩種路徑都不具備足夠的市場性，除非能再加入一些元素，才能變得更吸引人。於是我陷入思考，市場上有哪些需求還未被滿足，而我可以透過專長來解決呢？

　　當時我觀察到一個有趣的現象，越來越多人開始學習文案，但明明他們學習文案的目的是為了在網路上賣東西，卻紛紛跑去學習建立形象的品牌文案。我不曉得這是學生的誤解，還是老師的誤導，總之有一段不算太美麗的誤會就是了。當你不是真正的品牌之前，光寫漂亮的品牌文案是賣不出去的，如果有這樣的誤會，也會造成很多問題。

　　想到這裡，我突然知道要開什麼主題的課程了。我要教可以賣的文案，解決在網路上賣不掉東西的問題。另外，再加上一點點從人類本能出發，涉及潛意識溝通的概念，這樣既有市場性，又有我的風格，課程也有趣多了，感覺是個好主意。於是我打開電腦，打了以下這段文字：

想在網路上賣出東西，千萬別學文案。

　　我打完之後，腦海內浮現第一次閱讀這段文字的人的反應，不自覺嘴角微微上揚。接著我繼續把這篇文字完成，只花了一個鐘頭，寫不到 1,000 字。接著，我準備好銷售頁，加上一張主視覺、一張講師照片，以及後續的行銷流程之後，就開始推廣。

　　當時市場上已經有很多低價甚至是免費的講座，但我賣的是網路報名收費九百元的實體講座（這是我第一次賣售價低於千元

的實體課程），以同類型的學習活動相比，價格算很高了。

第一場，額滿；第二場，額滿；第三場，額滿；第四場，額滿；第五場，額滿。

請問誰第一次看到就買單？

由於賣得很順利，除了前幾場以外，每一場幾乎都是陌生臉孔為主，所以開第六場的時候，我出於好奇在開場時問了一個問題：「請問你是第一次看到報名頁，第一次知道 Elton 這個人，你就按下報名按鈕，付了錢，報名這門講座，然後來到現場的人，可以舉個手嗎？」

雖然這種狀況並非不可能發生，但對於非剛性需求的知識型商品，確實有一些門檻，更何況當時這場講座和同類型活動相比，報名費還算比較貴的。

問完這個問題，看到大家的反應，我傻了。於是接下來的每一場講座，我都會問同一個問題，得到的結果是：每場舉手的人數平均在三分之一到三分之二。最誇張的一場，竟然高達九成的人都舉手了，他們都是「第一次看到就買單」的人。

最後，光是這場講座就賣了六十萬。幸運的是，由於多數人都是第一次看到就買單，讓我節省了大量的廣告行銷預算，也保留了最多的利潤，同時還意外的讓我獲得到企業、社團、學校演講授課的機會。

一篇文字百萬收益

現在，你已經知道時薪六十萬怎麼做到的，最根本的答案，靠的就是一篇「知識型產品銷售文案」，而且是 Elton 風格的寫法。如果計算因舉辦這場講座帶來的延伸獲利，這篇文字帶來的收益不下百萬。而我最初只花了一個小時寫作，這就是文字帶來的力量。

這堂課，透過這段往事帶出知識變現的邏輯，接下來，先從能賣與好賣之間的差異開始談起。

第 **5** 課
能賣與好賣不只一線之隔

　　如果你問我：「什麼樣的『知識』能賣？」

　　我的答案是：「什麼都能賣。」

　　你以為我在講幹話嗎？不騙你，我還真的上過「幹話班」，教你如何臉不紅氣不喘的講一些似是而非、充滿惡趣味的話，而且這個「幹話班」還高達數百人報名付費（最後盈餘全部拿去做公益，講師一毛都沒賺）。

　　在本書截稿前，歐耶、忘形、越翔三位幹話師在睽違一年之後，竟然又開了「線上幹話年會」，限定 987 人參加，宣稱是一場「你完全無法學到東西的講座」。

　　如果連怎麼「講幹話」都能開講座，甚至變成年會，你覺得還有什麼知識不能賣？

能賣的基本條件

在我踏入講師行業之前，曾經聽過一句話：「知識之落差，暴利之所在。」雖然講法很粗暴，但至今我仍然覺得很有道理。不論什麼經驗、知識、技術都能賣，只要你擁有的東西與他人有「落差」，就代表你擁有的東西是有價值的，而你只需要達成一個基本條件就能賣，就是：

價值＞價格

説得仔細一點，只要你能説服他人，你擁有的經驗、知識、技術具有價值，而且你提供的價值大於購買的價格，就能做到知識變現。「幹話班」能成功賣出，也是同樣的道理，有數百人認同講師能提供講幹話的方法論，可做為觀摩、學習或娛樂。

相反的，什麼知識不能賣？答案就是：

價值＜價格

為什麼很多人明明一身才華，卻無法做到知識變現？答案就是提供的價值低於購買的價格，所以沒有人想買單，而這一點不是取決於你的想法，而是取決於受眾的「認知」上。由於這個狀況太尷尬了，在此就不舉例。

如果只要「能賣」，在「價值大於價格」的基本前提下，任何經驗、知識、技術，任何主題都能賣，因此「開始」根本不是問題。不過，如果你希望的是「好賣」，而非單純「能賣」，那就不是這麼一回事了，因為能賣和好賣不只一線之隔。

好賣的必要條件

好賣的知識型產品必須有「市場性」，簡單而言就是能「解決特定問題」，同時這個問題是「急於被解決」的，而不是「能解決也好，不能解決也沒關係」的這種問題，因為有強勁的需求，所以好賣。

就像當一個人不慎溺水了，且無法自救，這時如果有另一個人拋給他一個救生圈，他一定會死命的抓住，絕對不會嫌棄救生圈款式難看而不抓住它。例如「忘形流簡報」就是透過說服邏輯，解決價值無法被看見的問題。

以我自己為例，我最有興趣且最擅長的領域，當初在評估後發現缺乏足夠市場性，因此我迎合市場需求，把主題與內容做了調整，才讓講座變得好賣。所以如果你的知識型產品本來只是達成能賣的基本條件，最好能與好賣的必要條件結合。

為了讓能賣的課程變得好賣，我在課程規劃與文字表達中也加入了「好賣」的元素。所以，接下來我要和你分享在解決特定問題的必要條件下，有什麼是讓「好賣」變成「很好賣」的重要元素？

讓好賣變成很好賣的兩大元素

如果包含兩個重要元素，知識型產品就會從好賣變得很好賣，就算原本只是能賣，也會變得好賣一些。

第一個元素是「**金錢**」，第二個元素是「**關係**」，因為這是永遠都有需求的主題，所以是萬年不變的兩大元素。

金錢，讓生活過得更好

只要你的知識型產品能解決金錢上的問題，或者能夠創造收入，就是好賣的，畢竟沒有人會嫌錢太多的（如果你否認這一點，可以把你的錢匯款到我公司的戶頭：82120000092937）。

創業、電商、知識變現都是這類型的主題。例如《文字力學院》的「黃金變現策略」課程，就是分享如何透過流程爭取時間，一次打造多個知識型產品，創造持續性收益的快速啟動商業模式。

投資、理財主題更是廣受歡迎，例如艾蜜莉、阿格力都是在股票投資市場獲得成功，接著透過課程、訂閱文章與服務等，用他們的知識持續變現。

如果不能直接解決金錢問題或創造收入，可以想想看學習後是否可能「間接」幫助到。如果能找到知識型產品與金錢之間的關聯，就能讓原本只是能賣變得比較好賣，例如「讓文字成為你的鈔能力」就暗示了與提升收入有關。

這也是許多身心靈課程會聚焦在解決金錢議題或者財富順

流的原因，像是黃筱懿的「探索『金錢』焦慮・超越恐懼」內在喜悅工作坊。

就連舉辦讀書會，也可以像注意力設計師曾培祐聚焦在透過閱讀來提升獲利能力，將其定調為「閱讀『獲利』讀書會」。而整理師林小印也不只教你收納，還教你透過整理抓出金錢漏洞，開設了「整理『鍊金』術」線上課程。

關係，讓生命變得更美

讓關係變得更好，是個具有市場性的主題，因為永遠都有數不盡的需求，像是心起點的課程、諮詢或產品，都是為了「陪你找到自己，擁有幸福關係」，創辦人史庭瑋在心理與身心靈領域深耕多年。而路隊長的 Podcast 節目《好女人的情場攻略》成為收聽排行榜上的常勝軍，透過這個節目，也舉辦各類關係主題的活動與課程。

不過，最好賣的並不只是單純解決關係問題，而是提升「性吸引力」，因為這是人類本能反應，為了繁衍生命、為了種族延續的本能反應。

行為心理學博士蘇珊・威辛克（Susan M. Weinschenk）指出：「性除了能吸引我們的注意，我們也會在無意之間，因為些許的性暗示而作出決定。比方說，我們會購買某個牌子的產品或服務，就是因為產品或服務的廣告內容中，傳達了『使用本產品／服務就能享受更多性愛，或是對異性更有吸引力』的訊息。」

以女性客群而言，像林品希的「高價值女神班」，除了強調

讓女人活出高價值，也著重提升女人的性吸引力。對男性客群來說，像知名 YouTuber 詹大衛（David Zhan）持續營造「跟著狼群 wild 起來」的氛圍，呼籲男人找回野性特質，強化對女性的性吸引力。

知識、技術、心態，哪種好賣？哪種難賣？

課程類型主要分成知識、技術與心態三種。

知識是洞察問題的見識或者了解本質的歸納，例如《文字力學院》的「字遊主義讀書會」；技術是解決問題的能力或者特定技能的培育，例如史庭瑋的「專業 OH 卡諮詢師培訓課程」；心態是面對問題的反應或者校正行為的準則，例如王一郎的「服務人文體驗營」。

以上三種類型課程，技術類型是最好賣的，知識類型排第二，心態類型則是最難賣的。

雖然技術類型的課程最好賣，但有些知識類型課程只是分享某個知識或者最新趨勢，而沒有任何技術指導，卻能一次讓數百、數千甚至數萬人付費參與，感覺比技術類型的課程更好賣，這是為什麼？

很簡單，當這個知識或趨勢能讓你看見未來的金礦，自然就和「金錢」元素連結在一起，技術什麼的都不重要了，當然好賣。像是「○○趨勢論壇」就是屬於這種類型。

至於心態類型的課程，就算已經聚焦在解決特定問題，但

是除非剛好遇到人生低谷，而且自己也想改變，否則很少人會覺得自己的認知、態度、行為必須被校正（即便在客觀上有其必要），因此除了企業內訓以外，公開班市場很少有心態類型的課程。

如果你想體驗看看脫胎換骨的感覺，上述提到王一郎的「服務人文體驗營」是這類型的經典課程。而坊間的「激勵課程」雖然也算是心態課程，但好壞就見仁見智了。

完美結合各類型元素，做出容易賺錢的知識型產品

聰明的你可能發現，如果把課程內容結合知識、技術、心態不就完美了嗎？答對了，也就是不論是哪一種類型的課程，都要包含另外兩個元素，學員參與的感受度才會好，口碑才會長久。

如果你想規劃最容易賺錢的「知識型產品」，請做預錄型的線上課程，內容類型的比例請按照以下規劃：技術占 90%，知識占 5%，心態占 5%。

沒有人看線上課程想聽一堆「理論」、一堆「教誨」，大家最重視的是解決問題的**「方法」**，如果弄錯了方向就不好賣，口碑也不會好。

小結：能賣、好賣、很好賣

總結一下，「能賣」的知識型產品只要「**價值大於價格**」就可以；「好賣」的知識型產品則要「**解決特定問題**」；讓好賣變很好賣的兩大元素是「**金錢**」和「**關係（性吸引力）**」；以課程類型排序好賣程度，「技術」最好賣、「知識」排第二、「心態」最難賣。如果能將三者結合，就能做出容易賺錢的知識型產品。

每個人都有自己的經驗、知識與技術，如果你想讓你的知識型產品好賣，接下來，我將告訴你「價值提取」的方法。讓你在為受眾決特定問題的同時，也確保是高價值的產出。

你準備好了嗎？

第6課
價值提取的三個步驟

　　商業顧問劉潤認為，「找到獨特賣點，就是從產品裡找到一個有巨大說服力的、競爭對手不具備的、對消費者的好處」，知識型產品也是一種產品，所以也要找到自己的獨特賣點。

　　想讓知識型產品好賣，就要確保知識型產品的價值，所以這一堂課要來分享如何透過三個步驟提取價值。

步驟一：找到專長與熱情的甜蜜點

　　首先，要找出你的「專長」，你做什麼事情比別人厲害。同時，這件事情必須是你的「熱情」所在，而不是那種雖然你很擅長但卻興致缺缺的事情。因為你必須要把最好的拿出來，包含你最厲害的事情，以及你所呈現出來的感覺，一種發自內心認同、喜歡、投入的感覺，這點沒有熱情是辦不到的。

　　內容行銷專家喬‧普立茲（Joe Pulizzi）認為，「**知識技**

能」（專長）與「愛好領域」（熱情）的交會被稱為「甜蜜點」，它是內容創業模式中最好的交集。

就像為什麼我會聚焦在「文字力」，就是我發現在所有擅長的領域中，「文字」最能讓我發揮，而且我對文字樂此不疲。為了提升自身的文字力，我學習了各式的文案技術與寫作方法，同時學習一切能強化各種文字應用場景的知識與技術，並且把我學到的、領悟到的，全部拿來實作，最後統整成為我自己的知識體系，因此有我自己獨特的風格。

所以，在開始規劃知識型產品前，先想想看你的專長是什麼，你對它有熱情嗎？「找到專長與熱情交叉的甜蜜點」，是價值提取的第一步。

步驟二：界定目標受眾的輪廓與痛點

知道自己的專長與熱情很重要，但光知道專長與熱情並不夠，還得確認有沒有符合「市場性」，否則知識型產品可能只是能賣，而非好賣。

因此，你要先確定目標「受眾」，界定他們的輪廓，包含年齡、性別、職業、家庭、背景等等。他們遇到哪些急於想解決的問題，這些問題發生在哪個場景，而剛好你的經驗、知識、技術能幫助他們解決這些問題。

可別把受眾想成是一筆又一筆的「資料」，而是出現在你面前活生生的一個人。如果你還沒那麼篤定的想法，可以先把受眾

設定成「過去的自己」，想想過去的你曾經遭遇什麼困難，後來因為你學會了現在擁有的專長，終於解決了這個問題。

就像我第一次開課時，就是為臉書小編解決不知如何經營臉書粉絲專頁的問題，光是文案開頭針對受眾痛點的提問，就讓人想報名那堂課程。我就是從自己過往的經驗開始想像，界定目標受眾的輪廓與痛點。

「為特定族群解決特定問題」就是「界定目標受眾的輪廓與痛點」，這是價值提取的第二步。

步驟三：說明達成目標的過程與方法

行銷專家艾倫‧迪博（Allen Dib）指出，「厲害的行銷會帶潛在客戶踏上旅程，從問題、解決方法到相關佐證一路包辦」。

因此，當我們把專長化為知識型產品時，要讓受眾「知道」並且「做到」，就是讓他了解脈絡，以及能夠實際做出成果，這樣文案才會好寫，課程才會好賣，學習成效才能評估，課後滿意度才會提升，課程口碑也才會良好。

這一點牽涉到課程名稱設計與課程大綱規劃，所以要好好的把知識點一一拆解，保留受眾需要知道的事情，刪減受眾不需要知道的內容。記得別「光說不練」，要把「技術」加進去，因為技術是做出成果的重要關鍵。

就像《文字力學院》的「文字影響力」課程中，會先講述文字力的基礎框架與影響力的關鍵心法，讓學員能「知道」。接

著傳授對應上述內容的各種文字技術，包含大量的句型結構與範例，幫助學員能「做到」。

讓受眾從知道並且做到，需要「說明達成目標的過程與方法」，這是價值提取的第三步。

當以上都思考清楚了，先恭喜你有個好的開始，這些內容已經可以幫助你寫出「知識型產品銷售文案」。

尋找那個句子

美國文案專家雷・艾德華（Ray Edwards）認為在撰寫文案時，要「尋找那個句子」，即「所有〔你的目標讀者〕，只要用〔你的產品〕，都能〔解決他們的問題〕，因為〔解決問題的方法〕」。

例如「所有想要舉辦公開班的講師，只要學習 Elton 風格的知識型產品銷售文案寫作課，都能解決難以推廣公開班的困境，因為這套方法能幫助你寫出高轉換率的文案」，經過前述三個步驟的價值提取，你也可試著把這個句子寫出來，將有助於實際的文案撰寫。

當然，還有一些與行銷溝通有深度連結的思考步驟，但為了避免資訊超載，造成大腦負荷，所以我們就此打住，先不上傳大腦。至於還未提及的細節，容我之後再說明。

小結：做好價值提取，才有行銷本錢

想讓知識型產品好賣，就要做價值提取。價值提取的三個步驟分別是，先找到自身專長與熱情的甜蜜點，接著界定目標受眾的輪廓與痛點，最後說明達成目標的過程與方法。如果還包含金錢與關係（性吸引力）這兩大元素，那知識型產品就會變成好賣得不得了。

現在你已經知道讓知識型產品好賣的各種方法了，下一堂課我們將進入文字技術的學習，從課名設計開始，奠基知識型產品未來的命運。

第7課
讓知識型產品暢銷又長銷的課名設計

　　如果你已經學完前面六堂課，應該了解如何讓課程好賣，現在要做的事情就是為你的知識型產品取一個符合價值的課程名稱，讓它擁有好賣的基因。

　　好賣分成兩種，一種是賣得很好，叫做「**暢銷**」；一種是賣得很久，叫做「**長銷**」。暢銷和長銷不一定兼得，暢銷不一定長銷，長銷也不一定暢銷，但如果可以，你想不想讓你的知識型產品暢銷又長銷呢？

　　為了方便理解與學習，以下把課名設計分成暢銷與長銷兩個部分。

暢銷的十四個元素

　　知識型產品的課程名稱，要能彰顯價值與學習效益，讓受眾一看就覺得「好想學、好想買」，才是成功的課名設計。我整理了 14 個元素，合計 39 個方法，如下：

元素一：展現專業

1. ○○力

- 超級數字力（MJ）
- 專業簡報力（王永福）
- 文字影響力（Elton）

2. ○○學

- BTB 電商結構學（邱煜庭）
- 職場暗黑心理學

3. ○○課／必修課

- 爆文寫作課（歐陽立中）
- 職場寫作課（李柏峰）
- 求職必修課（Ina）
- 拳擊必修課

4. ○○班／大師班

- 戀財講師班（張忘形）
- 魅力人聲表達特訓班（布琳達）
- 數位行銷大師班

5. 精準
- 精準寫作（洪震宇）
- 精準大盤解析
- 精準醫學諮詢師訓練（臺灣精準醫學學會）

6. 專業
- 專業 OH 卡諮詢師培訓（史庭瑋）
- 專業塔羅諮詢師培訓（史庭瑋）

7. ○○的技術／○○的○○技術
- 帶人的技術（陳煥庭）
- 拆解問題的技術（趙胤丞）
- 讀書會領讀人的引導技術（林揚程）

元素二：統整方法

8. ○○術
- 小資印鈔術（Elton）
- 電子報毒心術（Elton）

9. ○○法
- 彭建文 PJ 法（彭建文）
- 防彈肌肉強效鍛鍊法（楊治承）

10. ○○策略
- 黃金變現策略（Elton）
- 行銷策略實戰（CJ Wang）

11. ○○攻略／全攻略

- 簡訊行銷攻略（Elton）
- 私人教練銷售攻略（查德）
- 好女人的情場攻略（路隊長）
- 低糖實心馬卡龍全攻略（菜子）

12. ○○寶典

- 超額利潤定價寶典（Elton）
- NLP 保險銷售寶典（徐承庚）

13. ○○藍圖

- 自媒體創業藍圖（Elton）
- 靈魂藍圖初階培訓

14. ○○方程式

- 開課獲利方程式（Elton）
- 職場簡報方程式

元素三：長期培育

15. 計畫／養成計畫

- 圓夢計畫（Elton）
- 為期 12 週的養成計畫（Elton）

16. ○○的○○堂課

- 自媒體經營的十八堂課（Elton）
- 知識型產品銷售文案的 49 堂課（Elton）

元素四：揭露神奇

17. 祕笈／密碼
    - 個人品牌營銷祕笈
    - 網路創業密碼

18. 祕訣／訣竅
    - 第一次看到就買單的文字祕訣（Elton）
    - 頂尖主管的帶人訣竅

19. 魔術／魔法
    - 瘋賣魔術（Elton）
    - 快速記憶魔法

元素五：帶領實作

20. 實戰
    - 影視編劇實戰課
    - 知識鍍金實戰工作坊

21. 手把手
    - 手把手教你會賺錢的一人公司
    - 手把手教你做出好賣的知識型產品

元素六：創造收益

22. 變現／獲利
    - 知識變現的第一堂課
    - 閱讀獲利讀書會（曾培祐）

23. ○○煉金術

- 整理鍊金術（林小印）
- 個人品牌煉金術（路隊長）

元素七：容易達成

24. 輕鬆

- 輕鬆寫出銷售力（Elton）
- 輕鬆搞定所有考試大小事（張嘉峻）

25. 簡單

- 超簡單素描
- 唱出高音真簡單

26. 即戰力

- 社群圖文即戰力（艾咪）
- 商務談判即戰力

元素八：承諾做到

27. ○○搞定○○

- 一次搞定上臺演講
- 超高效！七小時搞定臉書行銷（Elton）

28. 打造○○／用○○打造○○

- 打造動態報表（Danny）
- 用 PPT 高效打造質感知識圖卡（艾咪）

元素九：強調速度

29. 急速／極速
    - 外匯急速獲利
    - 極速成交心理學

30. 倍速／十倍速
    - 高手都在偷偷學的倍速學習（尋意）
    - 十倍速運動瘦身

元素十：承諾時間

31. ○○時間打造／提煉○○
    - 3 小時打造你的知識體系（Elton）
    - 12 週打造理想體態（PEETA）
    - 7 小時提煉你的文字提問技術（Elton）

元素十一：成長歷程

32. 從○○到○○／讓○○變○○
    - 從行動到感動，讓產出變產值（Elton）
    - 讓你的開課生涯從起步到起飛（Elton）
    - 10 堂課從知識整理到上臺演繹全掌握（廖孟彥）

33. 讓○○成為你的○○
    - 讓文字成為你的鈔能力（Elton）
    - 讓數據思維成為你的 DNA

34. ○○提升○○

- 三種運動提升肌耐力
- 用五大句型提升線上成交率（Elton）

元素十二：點名受眾

35. ○○目標受眾的○○課／方法

- 初學者的日文會話課
- 內向人的銷售演說課（Elton）
- 職業講師的商業思維（孫治華）
- 電銷新手必學的電話行銷五步驟

36. ○○目標受眾必學／必修／必懂

- 烏克麗麗新手必學
- 女人必修骨盆照護瑜伽（Vicky）
- 設計人必懂的印刷學（感官文化印刷）

元素十三：強調特色

37. ○○式／○○流

- 陪伴式講師訓（孫治華）
- 安璐流教練式對話工作坊（侯安璐）

38. ○○風格／○○取向

- Elton 風格的知識型產品銷售文案寫作課（Elton）
- 人本取向 NLP 專業認證課程

元素十四：推出王牌

39. ○○○的○○課

- 王永福教學的技術（王永福）
- 周碩倫參透破壞式創新（周碩倫）
- 周震宇的人聲必修課（周震宇）
- 許榮哲的故事課（許榮哲）
- 劉必榮談判精華課（劉必榮）
- 林長揚職場簡報術（林長揚）
- 忘形的溫暖說話課（張忘形）
- 簡少年面相精華班（簡少年）

長銷的兩大元素

長銷的課名設計，包含兩個重點，一個是「**長期有需求**」，一個是「**關鍵字布局**」。

元素一：新手問題

暢銷有各自的理由，長銷最重要的是「長期有需求」，而不是迎合短期的趨勢。就像在職場環境中，每一年都會有新的主管誕生，所以「新手主管」的職能課程，就是長期有需求的知識型產品。所以長期有需求的課程，最好是為新手解決基礎問題。

1. ○○新手／新手村

- 投資新手必修課

- 新手主管的必學的十堂管理課
- TikTok 新手村

2. 入門／超入門

- 數據分析入門教室
- 網站架設超入門

3. 零基礎

- 零基礎西語課
- 零基礎行銷學

4. 從零開始

- 從零開始學書法
- 從零開始邁向講師之路（Elton）

5. 從 0 到 1

- 從 0 到 1 手把手教你做好看的知識圖卡（艾咪）
- 數字易經，從 0 到 1

元素二：關鍵字布局

除了符合長期有需求的「新手問題」之外，在課程名稱上最好要包含受眾會搜尋的「關鍵字」，這樣才能在受眾遇到問題主動搜尋時，讓你的知識型產品被找到。

充滿創意的課程名稱設計，可以讓人耳目一新，但如果沒有考量到搜尋關鍵字，就會失去掉一部分的被動收入。至於會失去多少，就看這市場有多大了，市場規模越大，你失去的就越多。

如果有一門「OH 卡課程」，課程名稱採用「用牌卡輕鬆探索潛意識」，雖然感覺是個有趣的點子，也能展示價值與學習效益，但是如果考量到網路搜尋行為，沒有把「OH 卡」置入，就是個不智的選擇。與其追求創意，還不如像史庭瑋的「探索潛意識！專業 OH 卡諮詢師培訓」課程名稱來得清晰又有專業感。

至於要置入什麼關鍵字，請去思考市場上會怎麼看待你的知識型產品，用什麼術語稱呼你的專長，或者參考網路上的關鍵字規劃工具。

當然，你也可以不落俗套自創新名詞，或者使用還未被廣泛使用的字詞作為課名設計，讓受眾因為驚喜感而想一探究竟。然而這麼做的缺點，在於行銷溝通時要花比較多時間、心力、成本，文案也會比較難寫，而且主動搜尋帶來的流量會很少，除非你的品牌知名度已經建立起來。

我會這麼提醒的原因是，一開始我做知識型產品都想著要耳目一新，卻忽略了關鍵字布局，後來才發現失去了很多的被動流量，個人經驗供你參考。

完整的課名設計

了解了暢銷與長銷的課名設計的所有元素之後，對於「完整的」知識型產品課名設計，我的建議是「主標＋副標」，用主標「說明賣點」，以副標「傳達效益」。

例如「文字銷售力：讓文字成為你的鈔能力」，其中「文字

銷售力」是就主標，「讓文字成為你的鈔能力」就是副標，組合在一起就能完整表達知識型產品。

範例一：知名講師的課程

- 劉軒的 30 堂心理課：過你想要的生活（劉軒）
- 掌握口語表達與舞臺魅力｜葉丙成的簡報必修課（葉丙成）

範例二：Elton 的課程

- 一句話成交：用五大句型提升線上成交率（Elton）
- 無形滲透：兩個字取得共識的提問設計（Elton）

範例三：Elton 學員的課程

- 社群圖文即戰力！用 PPT 高效打造質感知識圖卡（艾咪）
- 六個數字，輕鬆斷事：六小時從 0 到 1 打造你的占卜分析力（謝秉元）

讓關鍵詞成為你的代表作

當你長期使用相同特定字詞組合而成的課名，那個字詞就會漸漸變代表你的關鍵詞，這樣也是一種品牌形象的連結。

例如只要出現「○○的技術」，就立刻讓我想到王永福；許多人只要看到「文字○○力」，就會聯想到我的課程。或者反過來，只要看到姓名就會聯想到特定的關鍵詞，好比看到高詩佳就讓人聯想到「作文」，看到王漢克就讓人聯想到「實境解謎」。

有趣的是，一旦成功讓大家開始關注你所使用的關鍵詞，而且這個關鍵詞以前沒人使用或者很少人使用，就會開始有人也使用一模一樣的關鍵詞。就像以前還沒什麼人在使用「鈔能力」這三個字的時候，我就已經用在我的課名之中。後來看到越來越多人使用，我覺得它變得沒有特色，於是就從我的字典裡淘汰了。

　　「策略思維商學院」院長孫治華運用了「陪伴」兩個字，彰顯其長期指導、互助與共創的講師訓價值，由於這兩個字實在太有感了，所以一時之間，以年度為計畫的各類型課程，如果沒有具有「陪伴」的特色，都不敢拿到檯面上了。

小結：讓知識型產品自帶好賣基因

　　關於知識型產品課名設計的這一課，暢銷要呈現價值與學習效益，長銷要符合新手問題與關鍵字布局，完整的課名設計建議是「主標＋副標」，用主標說明賣點，用副標傳達效益。當你長期用相同的關鍵詞設計課名，這個關鍵詞就可能成為你的代表作，甚至蔚為風潮。

　　有了暢銷又長銷的課名設計，你的知識型產品已經自帶好賣基因，恭喜你！

　　接下來，你即將學會 Elton 風格的知識型產品銷售文案的最重要框架，光是符合這個框架，和一點點文案技巧，就可以讓你下班賺的比上班還多。

第三篇

知識型產品
銷售文案架構

第 **8** 課
他下班收入比上班收入還高

　　幾年前，有位學員白天有正職工作，晚上斜槓幫別人賣課程。當時他經手的是一個手機維修課程，因為該課程屬於「技術」教學，學完之後可以靠這個技術創業或接案來「賺錢」，而且當時沒有那麼多人了解這些技術，也沒有太多競爭對手，因此雖然市場規模並不大，但仍具有一定的「市場性」。

　　換句話說，這個知識型產品的基因是「好賣」的，只要鎖定對的「目標受眾」就可以，變現並非遙不可及。

　　他知道要為這個課程建置一頁式銷售頁，但他並不知道要怎麼寫文案，於是他向我學習「文案」的技術。當時的教學版本還沒有完全進化到現在的知識技術體系，也保留了些許傳統銷售文案的概念，儘管如此，對於初學者來講已經非常有幫助。就像哆啦Ａ夢拿出來的每一樣寶物，對大雄來講永遠都很好用。

　　由於他的目標明確，就是要透過銷售課程帶來的佣金賺取收入，所以學習後馬上就寫下一篇「知識型產品銷售文案」，接著

把它放到一頁式銷售頁上，同時加入基本美編。他很看重自己的斜槓事業，於是每當完成一定的進度，他就會給我看一下。

當時我看到他的銷售頁，坦白講，文字不精煉，設計也不精美，所以每次我都針對內文或排版給予提點，讓他的銷售頁就算未達九十分，至少先到六十分。

當他開始銷售後，也會不定時向我回報進度，我依稀記得他興奮的語氣。透過數據換算，他晚上斜槓事業所創造的收入，一度比他白天的正職還要高！至於他投入的學費，早就不知道賺回幾倍了。

當初學員創造令人滿意的成果，但透過他的案例，讓我開始發現傳統銷售文案的缺點，儘管能創造短期的豐厚成果，但對於長期品牌的建立並沒有幫助。如果只是斜槓、兼差，賺個時機財，沒什麼大問題。

然而如果你想要經營自己的個人品牌，就得做些調整，更何況，現在不買單的受眾，不代表未來就不會成為你的客戶，留下多一點正面印象，永遠都是好事。

因此，我開始投入更多的研究，開辦各式各樣的課程，嘗試各式各樣的寫法，有很成功的，也有不怎麼樣的，經過不斷省思、試驗與調整，最後我終於領悟出屬於 Elton 風格的「知識型產品銷售文案」寫法，一個結構、四個步驟，簡單上手。

而且，不論寫幾百字還是幾千字的文案，我都是用一樣的結構；不論是賣幾百元還是幾萬元的課程，我都是用一樣的步驟。

它既可以幫助短期銷售，也留意品牌形象。此時此刻，哆啦Ａ夢已經不是每次只拿出一個寶物，而是直接把百寶袋交出來了。

進化之後的模式，讓後來學習過的學員創造銷售進度達1167％的驚人成果，而且數字仍在持續增加中。當然，所有的成功都不是偶然，她的知識型產品具有市場性，她也為此付出了極大的努力。

在接下來的篇章，我即將與你分享Elton風格的「知識型產品銷售文案」寫法，包含四個步驟，以及對應每個步驟中的文字技術，讓你像玩樂高一樣，組合成一篇你想要的文案。

我很樂意分享，只是我不確定的是，你真的想學嗎？

第9課
Elton 風格的
知識型產品銷售文案架構

　　你想讓知識變現做得更輕鬆嗎？你想讓知識型產品賣得更好嗎？如果答案是肯定的話，「Elton 風格的知識型產品銷售文案」就是值得你學習的寫作模式。這是我累積多年的學習成果與實戰經驗歸納而成的文字技術，由於內容龐大，細節很多，所以這堂課會先說明整體架構，下堂課再開始講解文字技術。

　　關於「Elton 風格的知識型產品銷售文案架構」分成四個步驟：**吸引、導引、勾引、上癮**，這四個步驟就是「4 IN LOVE」架構，透過這四個步驟撰寫文案，讓受眾閱讀完後「FALL IN LOVE」（好浪漫啊）；或簡稱「**四癮**」架構，讓受眾閱讀完後難以抗拒的「上癮」（好可怕啊）。請先牢記它。以下簡稱「四癮」架構，分別針對每個步驟說明：

一、吸引

這是一個注意力稀缺的時代，人們的注意力不斷下滑，已經下滑到比金魚的注意力還短的地步。根據微軟針對成年人做的注意力研究顯示，2000 年人們的專注時間為 12 秒，2015 年時只剩下 8 秒，金魚是 9 秒，比人類還多一秒。

由此可知，第一個步驟一定要先「**吸引**」受眾目光，而且要牢牢地吸引。

在知識型產品銷售文案中，吸引的段落主要是在「**標題**」。對照《鈔級文字》中整理的五種標題寫法，用在知識型產品銷售文案上，主要可以運用的是前四種：**痛點、賣點、驚點與懸點**，第五種暖點比較少用，可以直接忽略。

以下分別簡介痛點、賣點、驚點與懸點。

所謂「**痛點**」，就是顧客面臨的課題，帶來的煩惱與痛苦，是他急於想解決的問題，例如「為什麼加薪的永遠是別人」。

「**賣點**」就是你如何用知識型產品解決客戶的難題，也就是你提供了什麼價值，課程具有什麼優勢與特色，例如「第一次看到就買單的文字祕訣」。

「**驚點**」是提出顛覆認知的想法，或者是爭議性的話題，例如「天哪！我竟然冒著失業風險，告訴你這些〇〇 Knowhow」。

「**懸點**」就是話說一半，引起好奇。例如「這就是多數人與

夢想的距離……直到今天我才知道，原來答案這麼簡單」。

以上關於標題設計的四點方法中，痛點與賣點抓住市場需求，符合商業邏輯；驚點與懸點創造情緒誘因，促動人類本能反應。

在「Elton 風格的知識型產品銷售文案架構」中，我會建議直接用知識型產品名稱作為標題，如果命名結合「賣點」，往往是更好的選擇，因為對於品牌最有正面幫助，至於其他能吸引目光的下標技巧，將在之後說明。

二、導引

你有沒有一種經驗，看到一則網路廣告覺得很吸引人，當你點擊進入網頁，看完標題接著閱讀沒多久後就想離開了。奇怪，明明一開始很吸引人，但為什麼後沒有耐心看完整篇文案呢？如果你用心寫了一篇知識型產品銷售文案，一定不想讓你的受眾也有相同的反應，對嗎？

美國文案專家喬瑟夫・休格曼（Joseph Sugarman）認為「文字要一句一句讓人想讀下去」，他把這個效果稱作「滑梯效應」，你要寫出讓閱讀體驗就像溜滑梯一樣順暢的文案。

而另一位美國文案專家吉姆・愛德華（Jim Edwards）則認為要為文案創造「鉤子」，「鉤子基本上就是一個句子的故事，你可以用來抓住別人的注意力，同時引發強烈的好奇心」。

因此，吸引目光之後，還要導引閱讀，以維持興趣，讓受眾

想要繼續往下看，並且在閱讀過程中，從有點好奇到欲望累積，為銷售做好布局。

創造驚訝的情緒起伏，暗示受眾的問題能被解決，營造期待感，例如：「想自媒體創業，但覺得要會的東西太多嗎？如果我告訴你只要提升文字力，就能解決大部分的問題，甚至只用文字就能變現，你想了解看看嗎？」

或者揭露驚人的內幕，留下線索，創造戲劇性的謎團，例如：「多年前的某個禮拜六，還在睡夢中的我，被一封 E-mail 通知吵醒，拿起手機一看，原來是我的課程額滿了。」

三、勾引

當你導引受眾繼續閱讀之後，接著要不斷勾引他，讓他對擁有知識型產品的欲望越來越高漲。

在知識型產品銷售文案中，所有的課程資訊都是增添欲望柴火的元素，當課程資訊揭露的越清楚，受眾對你的信賴感就越高，當信賴感越高，就越可能立刻行動。反之，如果課程資訊揭露的不清楚，就可能信賴感越低，當信賴度感越低，就越可能消滅衝動。

在資訊揭露的過程中，有一點很重要，就是在課程大綱的設計上，要讓受眾從知道到做到，因為不願付費購買知識型產品有一個很大原因在於「他不相信自己能做到」。所以課程大綱可以這麼呈現「先破除迷思，再講解定義，最後傳授技術」。

德派催眠雞尾酒療法創辦人唐道德指出，催眠的前提是「必須讓來訪者『相信』我們，這樣催眠過程才能順利進行」，如果你想透過文字進行更深入的溝通，請記住「相信」是一切基礎，因為「因為所有的催眠都是來訪者的自我催眠」。

同時，請想想看有沒有什麼能輔助學習的加值贈品，以提高整體的價值感，甚至讓受眾有種賺到的感覺。例如「報名線上課程能獲得線下活動參與資格」。

四、上癮

最後一個步驟**先呼籲行動，再裝上心鎖**。

推出你的方案，導入價格，要求付費，讓受眾減少猶豫，增強信心，要給予「行動理由」，例如「從創作到創業，現在就加入《文字力學院》終身會員的學習行列」。

還要記得「埋下暗示」，強化印象，因為不會每一個人都是第一次看到就買單，但就算他現在不買單，也有一顆種子在他心中種下了，等待發芽。例如「成為一個文字高手並非選擇題，因為在選項當中，你已經看見答案」。

為了說明暗示有效的原理，在此我得說明「召喚結構理論」，它是指在文學作品中存在一些不確定或空白的地方，這些地方需要讀者根據自己的經驗和想像力來填補，能夠引起讀者的好奇心和想像力，讓他們更加投入到作品中。

透過填補這些空白，讀者能夠實現作品中潛在的審美價值，

並且對作品產生更多的共鳴。

　　簡單而言，召喚結構就是暗示有效的原因，而這一點也是上癮的祕密。

▎小結：四癮架構，快速上手

　　「吸引、導引、勾引、上癮」這四個步驟就是「四癮」架構（即「Elton 風格的知識型產品銷售文案架構」），要先牢牢吸引受眾的目光，接著導引閱讀，以維持興趣，為銷售做好布局。接著要不斷勾引受眾，讓他的欲望越來越高漲，最後先呼籲行動，再裝上心鎖。

　　下堂課開始，連續七堂課，我將告訴你對應這四個步驟的所有文字技術。

　　坐穩了！這臺學習列車，開很快。

第10課
祕密一：吸引的七個魔法

　　千萬別讀這篇文章！一旦你仔細閱讀它，從今以後你的文案將牢牢抓住受眾的目光，還可能不小心賣太好，遭同業忌妒，如果不聽勸告，以上後果自負。如果你還是閱讀了，這堂課我將與你分享創造「**吸引的七個魔法**」。

　　「四癮」架構的四個步驟，分別是「吸引、導引、勾引、上癮」，這堂課要來談的是第一個步驟「吸引」，關於「標題」設計。

標題設計的四個重點

　　我在《鈔級文字》中提到，以行銷角度看文案標題設計，包含了四個重點：

1. **急迫感**：為什麼他現在要看？例如：現在起，就靠投資致富。

2. **獨特性**：你的東西有哪裡不同？例如：《文字力學院》是全臺灣第一個以全面提升文字能力為使命的教學品牌。

3. **明確性**：你想清楚告知什麼？例如：如何運用文字力省下一半的廣告費？

4. **收益性**：他能得到什麼好處？例如：影像閱讀術，一年閱讀一百本書。

七種標題寫法

下標時，我們除了思考上述四個重點以外，這堂課我將再分享七種標題寫法，應用前一篇提到的「痛點、賣點、驚點、懸點」四點概念，與包含之前提到的「課程設計」元素結合而成。如下：

魔法一：痛點提問法

直接把「痛點」變問句，或在傷口上撒鹽。例如「為什麼買保險卻不理賠啊？買保險前先弄懂這件事，以免當冤大頭！」到底是選錯保險公司？還是選錯業務員？還是保險內容規劃錯了？

魔法二：賣點提問法

直接把「賣點」變問句，引爆受眾內心的渴望。例如「如何一開口學生就想跟你買課程？私人教練銷售攻略（查德）」哇！

好想學，如果真的能做到就太好了。

魔法三：成長軌跡法

從較低程度成長至較高的程度，用成長軌跡的改變，帶來參與的期望，此為「賣點」應用。例如「從 0 到 1 手把手教你做好看的知識圖卡（艾咪）」有種安心的感覺，即使沒有任何基礎，也能學會做出好看的知識圖卡！

魔法四：時間歷程法

用多少時間學會多少事情，用具體數字顯示效益、效率與可達成性，此為「賣點」應用。例如「6 小時學會 15 種勸敗金句（Elton）」感覺短短 6 小時就能學會讓客戶買單的文案金句。

魔法五：認知相反法

提出和大眾認知不同的觀點，藉以吸引注意力，此為「驚點」應用。例如「肩頸痠痛問題不一定在肩頸！（吳宇堂）」什麼？痠痛問題不在肩頸？那會在哪裡？好想知道！

魔法六：引起爭議法

用顛覆認知或挑釁意味的表達方式，刺激受眾情緒，此為「驚點」應用。例如「痠痛不是問題，問題出在處理痠痛的人（吳宇堂）」本來以為痠痛是大問題，原來是沒遇到會處理的人呀！

魔法七：未完待續法

創造懸而未決的答案，引發受眾的好奇心，此為「懸點」應用，如果再加上「驚點」能創造更好的效果。例如「這就是多數人與夢想的距離……直到今天我才知道，原來答案這麼簡單！（Elton）」夢想的距離？答案很簡單？那到底是什麼呢？看來得好好看看這篇在寫什麼！

以上七種撰寫吸引標題，你最喜歡哪一個呢？「**成長軌跡法**」和「**時間歷程法**」屬於暢銷又長銷「課名設計」，是我最喜歡的兩個方法，其餘的五個方法，也能因應不同的行銷需求做變化。如果想了解更多標題寫法，請造訪《文字力學院》網站。

▍讓標題更具吸引力的兩種變化

之前已經說過，我認為最好的標題就是由「**主標＋副標**」組合而成，完整說明「**賣點＋效益**」的「課程名稱」，這樣做的好處，正面而言是利於銷售並累積品牌形象，負面來說則是不會讓你的銷售頁變得像詐騙集團（前提是課程名稱沒有取的像詐騙集團）。

不過有時候會因應不同的行銷需求，在標題上略作調整，大致分為兩種模式，一種是在原有課程名稱基礎上做出變化，一種則是不直接使用課程名稱，另外設計標題。以上兩種模式都是為了讓標題更具吸引力。

為了方便理解，以下舉兩個例子做說明。

當初我有一門課程叫做「超高效！七小時搞定臉書行銷！」，但銷售頁上的標題是這麼寫的：「天哪！我竟然冒著失業風險告訴你這些臉書行銷 Knowhow ──超高效！一次搞定臉書行銷」，就是屬於前者「在原有課程名稱基礎上做出變化」。

後來我把「超高效！七小時搞定臉書行銷！」製作成精華版線上課程，銷售頁上的標題改成「為何上行銷課沒用？除非你先解決這 3 件事情………」，就是屬於後者「不直接使用課程名稱，另外設計標題」。

我會這麼做的原因，在於當初的我完全沒有任何知名度，所以文字的重點放吸引目光，才有後續成交的可能。最後這兩個銷售頁的點擊率與轉換率，都是讓我滿意的。

不要過度承諾，以免期待落空

不論你選擇哪一種方法，我要提醒你的是，不要在標題設計上「過度承諾」，以免讓受眾購買知識型產品後「期待落空」。我相信凡事有訣竅，但不要吹捧成靈丹妙藥，雖然這麼做在短期而言能刺激銷售，但是長期而言，對品牌累積並沒有好處。

如果你的受眾口味比較重，你可以採取一種折衷的方法，雖然用浮誇的標題吸引目光，但在內文說明做到這件事情的「前提」，例如「需投入多少的時數研習才能達成」。不過有時候前提仍會失效，那就代表整篇文案太像詐騙了。

小結：七個魔法，創造吸引

吸引的七個魔法分別是：**痛點提問法、賣點提問法、成長軌跡法、時間歷程法、認知相反法、引起爭議法及未完待續法**。記得，不論用哪一種方法都不要過度承諾，以免讓受眾期待落空。

學會了吸引目光之後，接下來我要和你分享導引閱讀的三大訣竅，讓受眾的視線離不開你的文字。

本學習列車即將加速，請繫好安全帶。

第 **11** 課
祕密二：導引的三個訣竅

　　勾引了受眾的目光後，接著要創造「滑梯效應」，導引受眾繼續閱讀。

　　奇普‧希思與丹‧希思（Chip Heath, Dan Heath）在《黏力，把你有價值的想法，讓人一輩子都記住！》中指出，「基模是由許多預先記錄在記憶庫中的資訊組成」，能幫助我們生存與記憶。而抓住與維繫注意力最好的方法就是「**打破模式**」，打破大腦依循基模所建構的預期。

　　抓住注意力最好的方法，是創造「驚訝」的情緒起伏；維繫注意力最好的方法，是製造一個未解的「謎團」。換句話說，如果從驚訝的情緒出發，再接續一個謎團，就會從短暫的注意力變成持久的興趣。

　　這一堂課我統整了「導引」的三個訣竅，它們肩負持續創造閱讀的興趣，分別為：**引言、提問、登場**。為了能夠抓住並維繫受眾的注意力，這些訣竅都與打破模式有關，有些技巧也運用了

驚訝與謎團這兩個元素。

　　「引言」是接續標題之後的開頭段落；「提問」是透過單一或連續的問句創造吸引；「登場」包含了自我介紹與初心故事。三個訣竅內包含八個技巧，每個技巧都有各自細節，分別說明如下：

▋訣竅一：引言

　　「引言」是接續標題之後的開頭段落。分成「驚人內幕、情境描繪」兩個技巧，可以獨立或組合使用。

技巧一：驚人內幕

　　用一個小故事描寫一段戲劇性歷程，但並沒有清楚解釋背後的原因，只留下部分線索，進而創造一個未解之謎，引人好奇。例如：

　　多年前的某個禮拜六，還在睡夢中的我，被一封 E-mail 通知吵醒。拿起手機一看，原來是我的課程額滿了，那次開放報名，只有三天半。那是我的第一門公開班，卻沒想到是開啟我日後講師事業的起點。（Elton）

△　技巧：請擷取完整故事中的轉折點，並記得在結尾處加強力道。

技巧二：情境描繪

描繪受眾目前遭遇什麼樣的課題，以刺激內心。例如：

老闆，您好。企業經營者一定聽過，人對了，事情就對了。但今天人沒錯，而是發生職災意外或生病，處理過程肯定會讓你驚悚連連，對公司而言影響更是鉅大。（陳松村）

△ 技巧：描繪課題場景，加強情緒張力。

訣竅二：提問

「提問」是透過單一或連續的問句引發閱讀興趣。問句設計的方式可以運用「**關懷痛點、呈現賣點、救命寶典**」三個技巧，請擇一使用。

技巧三：關懷痛點

對受眾痛點提問，藉此表達你的同理心，或提升他的危機感。例如：

你是否扛著工作的壓力，而感到肩頸僵硬？你是否為了專心的服務客人，下班後才知雙腿腫脹到不行？你是否想要得到身體健康，而不小心運動過度下使肌肉更加痠痛？（吳宇堂）

△ 技巧：單一問句或者連續三到七個問句，長度由短到長，範圍由廣到窄，連續問句之後，可以再用一句話總結，創造閱讀時的節奏感，或者用詢問的方式延續對話感。

技巧四：呈現賣點

把賣點轉換成問句，用結果刺激受眾的想像，以創造需求。例如：

讓我問你一個問題：如果有一個十八週的養成計畫，讓 Elton 親自傳授「知識型產品銷售文案」的技巧給你。已經有知識型產品的你，將能一邊學習，一邊優化現有的文案；即將推出知識型產品的你，則能一邊學習，一邊寫出更好賣的文案；未來想做知識型產品的你，則提前學會讓知識變現的文案關鍵，你有興趣了解嗎？（Elton）

△ 技巧：和關懷痛點相同的原理相同。

技巧五：救命寶典

點名受眾範圍，接著直指痛點，最後以知識型產品做為解決方案。例如：

身為自僱者、自媒體經營者、知識工作者的你，有以下問題嗎？想自媒體創業但怕收入不穩定，想做知識型產品但不知道如何開始，做一個知識型產品就花很久時間，已經有知識型產品卻無法複製成功模式，能大賣一次卻無法持續穩定銷售。如果你有以上任何一個問題，「黃金變現策略」這門課程就是為你而生。（Elton）

△ 技巧：限縮受眾範圍讓痛點描述更精準。以職業或行為作為受眾區隔。

訣竅三：登場

「登場」包含了授課講師的「**自我介紹、初心故事**」兩個技巧，可以單獨或複合使用，但請不要接在標題之後，因為當受眾還沒意識到自己的需求，自我介紹是沒意義的。

技巧六：自我介紹

介紹講師的資歷與專業，以創造信賴感。以第一人稱介紹你是誰，會什麼。例如：

我是艾咪，一名知識圖卡師暨講師，善於將複雜冗長的書籍與文章，轉譯成好看秒懂的知識圖卡，陪你把書讀薄，讓你把知識隨身帶著走。2020 年初接觸知識圖卡，將近半年時間便擁有第一篇百人轉分享貼文，付出了近 300 多個小時投入後，到去年底已累積超過 500 張圖卡作品。（艾咪）

△ 技巧：根據知識型產品的屬性安排相關資訊，不要放沒有關聯的資歷，占篇幅又沒有說服力。

技巧七：初心故事

初心故事就是一場從低谷到高峰，最後點燃使命的英雄之旅。你為什麼要開這門課，以及你如何幫助受眾解決難題。例如：

（以下接續艾咪的自我介紹）……但是，在成為知識圖卡講師之前，我曾經也是個知識焦慮症患者。我喜歡閱讀，也和你一

樣做過重點摘抄，但過沒多久我便發現，那些曾閱讀過的內容，卻一點一滴從我腦袋中逐漸被遺忘。我嘗試尋找其他筆記方法來幫助自己，一開始情況有了改善，但是效果卻不持久。2019 年底，因緣際會我與知識圖卡相遇，而這場邂逅，也成為翻轉我人生的一個契機。（艾咪）

△ **技巧**：故事要能帶動情緒起伏，情節要從失敗到成功，中間要經過跌跤，而非一次登頂。可能經過摸索找到方法，或者是與誰學習得到成長，因為自身的經歷，點燃了使命，踏上英雄之旅。

請記住三個重要關鍵字「**失敗、成功、使命**」，只有失敗到成功，受眾覺得那和我沒關；只有使命，受眾覺得你很偉大但距離太遙遠，所以三個關鍵字的內容缺一不可。

關於更多的講師介紹的細節，我將用 12 堂課的篇幅帶你完整踏上知識變現的英雄旅程。

▍小結：三個訣竅，有效導引

導引的三個訣竅「引言、提問、登場」，包含七個技巧「**驚人內幕、情境描繪、關懷痛點、呈現賣點、救世寶典、自我介紹、初心故事**」，雖然感覺重點很多，但不代表你要寫得很多，請根據知識型產品的屬性調整篇幅。

重點在於你有沒有創造驚訝的情緒起伏，並且製造一個未解的謎團，讓受眾從短暫的注意力變成持續的興趣，以不斷累積求

知的欲望。

當受眾的興趣持續增加，欲望不斷累積後，你要如何真正把欲望點燃，讓受眾立刻買單呢？下堂課我將和你分享勾引的四個誘因，讓所有資訊成為添加欲望的柴火。

這班學習列車的速度還可以嗎？要跟上喔！

第**12**課
祕密三：勾引的四個誘因（上）

　　導引受眾繼續閱讀之後，接著要持續勾引受眾內在的欲望，為成交做鋪墊。當我們對某個知識領域感到陌生時，內心就會產生好奇心。當我們產生好奇心，卻又得不到的時候，大腦為了去除痛苦的感受，就會想要把這個鴻溝給填滿。

　　因此，當我們希望受眾購買我們的知識型產品時，首先需要突顯他們對該知識的缺乏，在做各種介紹時，我們不能只是冷冰冰地陳述事實，而應該巧妙地觸動受眾的內心。

　　我整理了勾引的四個誘因。分別是創造價值感的「知識內容介紹」，增加信賴感的「重要學習資訊」，篩選受眾的「找到精準受眾」，還有激發衝動的「超值學習好禮」。

　　由於內容較多，共包含十六個重點，所以分成上、中、下三集。上集說明第一個誘因「**知識內容介紹**」，中集說明第二個誘因「**重要學習資訊**」，下集介紹最後兩個誘因「**找到精準受眾**」與「**超值學習好禮**」。先來看看上集吧！

誘因一：知識內容介紹

　　知識內容介紹就是表達課程能帶來的價值，包含「知識介紹、產品介紹、課程名稱、課程特色、課程大綱、學習效用」等六個重點，可依據篇幅選用，次序安排可以按照以下順序，也可以根據閱讀感受調整，但請注意前後邏輯性。

重點一：知識介紹

　　在完整介紹知識型產品之前，先說明受眾需要知道的事情，特別是教新工具、新技術、新概念的知識型產品，分成理性說明與感性表達兩種方式。我們可以用理性說明專業，用感性表達體驗。如下：

1. 理性說明

　　OBS 是時下最熱門的直播工具，它擁有免費、中文介面、功能直覺的特性，讓人人可以馬上無痛入手。

——以「OBS 直播 X 節目企劃雙主修」為例（鍾曉雲 Monica）

2. 感性表達

　　什麼是 OH 卡？你曾經看著一張圖或是一張卡，眼淚不知不覺就掉下來嗎？

　　在 OH 卡的世界，這是很常發生的事，但除了眼淚，也有笑聲。

　　也許笑中有淚，淚中有笑，話語中充滿了驚喜與發現，讓你讚歎著：「原來是這樣啊！！」「原來一直搞不清楚的問題，答

案一直在這裡。」

OH 卡就像是你的朋友，有時候你不用説什麼，看著它，就明白了一切。它也像是最懂你心的人，看著一張張的圖與字，你的心裡就有了答案。

——以「專業 OH 卡諮詢師培訓」為例（史庭瑋）

重點二：產品介紹

在完整介紹知識型產品之前，把知識型產品的賣點、特色摘要介紹，分成精煉版與完整版。精煉版要讓受眾一看就懂，完整版要完整表達特色，不論精華版或感受版，請用最少的字數表達。如下：

1. 精煉版

馬上學習「把書讀薄，把內容變博」的圖卡技能！

——以「社群圖文即戰力」為例（艾咪）

2. 完整版

《隱形文字力》是一門為期一年的文字力盛宴，這門課程將是 Elton 的經典之作，把所有淬鍊文字力的祕密，以及啟動創作能量的儀式，全部交付給你。同時，讓你用最舒適的節奏，提升自己的能力。

——以「隱形文字力」為例（Elton）

重點三：課程名稱

課程名稱包含主標與副標，用主標呈現賣點，用副標說明效益。不論標題是否完整呈現課程名稱，在本階段都必須揭示才有正式感。例如：

1. 隱形文字力：打開創作能量，文字由你定義（Elton）

2. 忘形流圖像資訊溝通術：複雜的事物，簡單說清楚（張忘形）

3. 陪伴式講師訓：全臺唯一一年期陪伴你面對市場的難題（孫治華）

△ **補充**：請參考「讓知識型產品暢銷又長銷的課名設計」，此不再贅述。

重點四：賣點特色

知識型產品擁有什麼樣的賣點或特色、為什麼值得購買，不是只有摘要重點，而是要條列總結，分成**賣點總結**與**特色總結**。例如：

1. 賣點總結
   (1) 一年學習十二大文字力主題，完整建構先備知識
   (2) 每月 1 本「主題書籍」＋ 3 本「延伸書單」，一年 48 本
   (3) 線上直播說書＋精選錄影回放
   ——以 2022 年「字遊主義讀書會」為例（文字力學院）

2. 特色總結

    (1) 把文字提問技術系統化，從觀念建立到句型建構

    (2) 一次學會五大提問法，16 種問句設計

    (3) 不用回家反覆練習，下課就帶著成果回家

                                    ——以「精準提問」為例（Elton）

△ **技巧**：可用「不○○，就○○」的句型，例如「不用回家反
    覆練習，下課就帶著成果回家」，或者「不○○，只○○」
    的句型，例如「爆文寫作課」的「不推崇完美主義，只讓你
    相信自己能寫並且持續寫」（歐陽立中）。

重點五：課程大綱

    具體説明課程內容與單元，從知道到做到的學習規劃，此為
知識型產品介紹的重點，分成**知識取向、技術取向、問題取向**。
知識與技術取向強調以知識型產品的賣點解決受眾的痛點；問題
取向著重引發受眾好奇心，點燃求知欲。例如：

1. 知識取向

    (1) 從初衷到商模的核心競爭力！關於「定位」

    (2) 從起步到起飛的企畫執行力！關於「規劃」

    (3) 讓課程場場賣翻的商業力！關於「行銷」

    (4) 讓專業永續經營的變現力！關於「創造」

    (5) 啟動你的開課獲利未來式！關於「啟程」

                                ——以「開課獲利未來式」為例（Elton）

2. 技術取向

　　(1) 什麼是文字提問的基本觀念？

　　(2) 問句設計前的四點準備

　　(3) 鄉民提問法：絕對要會的 4 種行銷問句

　　(4) 小偷提問法：確認暗示的 3 種軟性問句

　　(5) 殺手提問法：無法拒絕的 5 種強力問句

　　(6) 戰士提問法：連續重擊的 2 種震撼問句

　　(7) 軍師提問法：難以忘懷的 2 種懸念問句

　　　　　　　　　——以「精準提問」為例（Elton）

3. 問題取向

　　(1) 什麼是用文字做到潛意識溝通的前提？

　　(2) 如何善用大腦的三個時區創造想像？

　　(3) 如何用三個層次建立彼此的連結？

　　(4) 如何用九種句型讓提問變得更具影響力？

　　(5) 如何無時無刻傳遞暗示的十個方法？

　　……

　　　　　　　　——以「文字影響力」錄影版為例（Elton）

△　技巧：課程大綱建議使用條列式，而不要用整段描述。可把
　　知識濃縮成兩個字，再次強化印象，例如「從初衷到商模的
　　核心競爭力」濃縮後就是「定位」；把技巧命名，增加記憶
　　點，例如「鄉民提問法」。加入數字，可強化具體收穫感，
　　例如「絕對要會的 4 種行銷問句」。問題取向透過「什麼
　　是、如何、為什麼」把課程大綱轉換成問句。

△ **補充**：課程特色和課程大綱感覺很像，但兩者偏重不同，課程特色著重情緒張力與賣點特色；課程大綱著重內容吸引，詳細說明。兩者相輔相成，如果篇幅足夠，建議兩者都放，先放課程特色，再放課程大綱。

重點六：學習效用

購買並學習之後能獲得什麼好處，加強說明持續為欲望添加柴火。分成**教學內容、學習成果、未來展望**，教學內容從課程內容本身來檢視，學習成果從學員獲得的能力與產出結果來說明，未來展望則把成果拉到長遠的期許。例如：

1. 教學內容

(1) 由知識圖卡實戰經驗豐富的老師講授

(2) 模組化架構幫助你更好上手技能

(3) 分享知識圖卡在社群日常應用分享案例

　　　　　　　——以「社群圖文即戰力」為例（艾咪）

2. 學習成果

(1) 教授做出好看且秒懂的圖卡製作方法

(2) 搭配實作練習先聽再做把技能真的帶走

　　　　　　　——以「社群圖文即戰力」為例（艾咪）

3. 未來展望

你再也不需要為了持續獲利，而不斷打造知識型產品，如果重複打造，也是重複打造一個系統，而非單一的知識型產品，

讓你不斷擴大知識變現的版圖。你也不必為了與線上課程平臺合作，讓出課程規劃、錄製與更新的自由度，以及被大量的抽成。你也不必買進各式器材，與學習各種行銷工具，只要你有一臺電腦，用「文字」就能開始第一步。

——以「黃金變現策略」為例（Elton）

△ 技巧：教學內容與學習成果把重點放在整段前面，加深記憶點，展望未來可以用「再也不必○○○」的句型描述，強化讓問題徹底解決的感受。

重點七：差異比較

你的知識型產品和別人的有什麼不同，為什麼要向你學習而非向他人學習，也屬於競品比較範疇。例如：

報名文案寫作課程，可以學會文案框架與寫作技術，在架構下產出文字。參與「隱形文字力」，先找到內在資源並提升與他人的連結，突破框架與技術限制，寫出屬於自己風格的文字。

——以「隱形文字力」為例（Elton）

△ 技巧：先說別人的，再說自己的，懇切表達即可。

小結：知識誘因，開始勾引

本集已經介紹了勾引的第一個誘因「知識內容介紹」，包含「**知識介紹、產品介紹、課程名稱、課程特色、課程大綱、學習效用**」等六個重點，以提高課程的價值感。

但這樣還不夠，我們還得持續提高受眾的信賴感，因為沒有信賴，就不會買單。

第13課
祕密三：勾引的四個誘因（中）

如果有一款保健食品宣稱能提升運動表現，但卻沒有標示成分，你敢買嗎？一定不敢，對吧？

接下來這個誘因看似平凡無奇，卻能輕易的提升受眾的信任，背後的道理很簡單，資訊越透明，信賴感越高。讓人不會覺得被蒙在鼓裡，不曉得付費後要怎麼參與學習。因此，我們要再提供更多的學習資訊。

誘因二：重要學習資訊

重要學習資訊是增添信賴感的元素，包含「**上課時間、上課地點、統合資訊、報名流程**」等四個重點。

這些看似瑣碎的資訊，對受眾是否當下購買知識型產品存在著影響，因為在付費前得先知道「如何參與學習」。實體課程與線上課程重點略有不同，將分別說明。

重點八：上課時間

完整說明上課時程，包含日期、星期、時間、時數都要有，以幫助記憶。以下用實體課程舉例，並根據線上課程的特殊性補充說明，如下：

1. 實體課程

    (1) 日期：20XX/XX/XX（六）

    (2) 時間：09：30 ～ 17：30（午餐休息一小時）

    (3) 時數：7 小時

2. 線上課程

線上課程與實體課程標示時間方式雷同，但請注意以下細節：

    (1) 同步教學：可以強調同步教學的即時性、真實性、互動性，例如「輕鬆參與互動，熱度不因螢幕阻隔」。

    (2) 預錄課程：如果是沒有學習時間限制，可以這樣寫「不限日期，立刻觀看」、「不限時間，隨時觀看」，強化別於實體課程不受時間限制的優勢。

△ **技巧**：建議使用條列式，不要整段描述比較清楚。如果時數較短，可以強調學習效率，例如「黃金變現策略」是這樣寫的：「本課程總時數約兩個半小時，不浪費你的寶貴時間，學了馬上用，用了馬上賺」。

重點九：上課地點

在哪裡學習也是受眾必須知道的事情，如果舉辦實體課程，請完整提供上課場地相關資訊，包含地點、地址、交通等；如果舉辦線上課程，請告知登入方式。如下：

1. 實體課程

(1) 地點：○○會議中心

(2) 地址：臺北市○○區○○路○○號○○樓

(3) 捷運：位在○○站，步行約 5-7 分鐘可達

2. 線上課程

(1) 同步教學，請註明使用軟體，例如本課程用 Zoom 進行直播教學。

(2) 預錄課程，請註明觀看平臺，例如在某某教學平臺。

△ **技巧**：舉辦實體課程時，如果上課地點靠近捷運站，請註明捷運站名與步行到達時間，如果備有停車場或鄰近停車場，也請一併註明。

如果宣傳時上課地點還未確定，可以先說明上課地點可能會在哪個區域，例如「臺北市交通方便捷運可達之處（報名後統一通知）」。

線上課程建議一開始就完整說明，並且可以強調「不用舟車勞頓」、「在家就能學習」這樣的優勢。

重點十：統合資訊

可以把最重要的學習資訊，集中在同一個區塊，讓讀者一目了然。例如：

【學習資訊】

主題：無形滲透－兩個字取得共識的提問設計

日期：不限日期，立刻觀看

時間：不限時間，隨時觀看

時數：111 分鐘

形式：線上講座｜錄影回放

平臺：雲端播放（可加速 1.25 ～ 2 倍）

地點：自家，或網路通暢且安靜之處

──以「無形滲透」線上講座為例（Elton）

△ 技巧：由上至下，越重要的資訊擺在越上面，如果有名額限制也請註明清楚。

重點十一：報名流程

實體課程報名完後等上課就好，但線上課程從報名到參與，所有流程都在線上進行，所以需要提示報名流程，這樣可以讓受眾更清楚知道要如何購買、如何參與，避免因為說明不清而「棄標」。

特別是自己銷售線上型知識型產品的人，因為不是在大家熟悉的平臺上課，所以更要說明清楚。例如：

- 步驟一：付費報名（選擇報名方案並在期限內完成付款）
- 步驟二：Email 通知（審核後隔日寄發 Email 通知信，含已完成影片網址與私密社團網址）
- 步驟三：加入社團（點擊加入，臉書私密社團，當日審核通過，參與互動交流）
- 步驟四：參與學習（一律以 Email 通知登入網址、錄影回放網址、簡報下載網址）

——以 2022 年「字遊主義讀書會」為例（文字力學院）

△ 技巧：請務必精煉文字，排版時再用小字補充說明。

小結：學習誘因，持續勾引

本集已經介紹了第二個誘因「**重要學習資訊**」，包含「**上課時間、上課地點、統合資訊、報名流程**」等四個重點，以提升受眾的信賴感。

下集將繼續介紹「找到精準受眾」與「超值學習好禮」兩個誘因，持續為受眾增添欲望柴火，才能讓他的荷包失守。

本班學習列車的速度即將快到燒起來了。

第14課
祕密三：勾引的四個誘因（下）

你有沒有過這樣的購物經驗，對於某件商品，因為你就是目標客群而產生了高度興趣，但由於各種理性考量，原本並沒有打算購買。

然而，當你發現購買該商品還能獲得另一份額外贈品時，突然失心瘋的購買了，之後還會忍不住跟朋友炫耀自己的「聰明消費」。

勾引的最後兩個誘因，都能直接幫助銷售，因為它們拿捏了人性。一個是「**找到精準受眾**」，讓受眾對號入座，提升適合感；一個是「**超值學習好禮**」，用免費賄賂受眾，增加衝動感。

▎誘因三：找到精準受眾

知識型產品初期的行銷推廣與後續的口碑擴散的成敗，都與是否找到正確的受眾有關。如果舉辦實體課程或進行同步教

學，錯誤的學員也會造成講師在授課時的挫折與困擾，例如學習動機薄弱、程度太差或太好，因此註明適合與不適合對象是很重要的。

重點十二：適合對象

提示適合購買知識型產品的對象，讓你找到正確的受眾，以提升購買意願。可以透過**職業**、**痛點**與**賣點**分類，例如：

1. 職業

自媒體經營者、知識工作者、一人公司老闆、斜槓工作者、網路創業家。

2. 痛點

句型：「想要○○○卻／但○○○○○的人」

(1) 想要知識變現，卻不知從何開始的人

(2) 想自媒體創業，但忙個半死卻沒有任何成果的人

3. 賣點

句型：「想○○○，讓○○○○○的人」

(1) 想要提升創造力，讓你找到資源從此靈感爆棚的人

(2) 想要打開創作能量，讓產出變得更容易更快速的人

(3) 想要深化文字力，讓你的文字與他的世界緊密連結

(4) 想藉由文字看見自己的人，洞察初心故事與利他使命

——以「隱形文字力」為例（Elton）

4. 需求＋賣點

句型：「想〇〇〇的〇〇〇職業」

(1) 想為個人品牌加分的自媒體經營者

(2) 需要產出社群素材的行銷企劃或小編

——以「社群圖文即戰力」為例（艾咪）

△ **技巧**：職業不要過於廣泛，限縮在有共同需求的職業就好。關於「想要〇〇〇卻不知道如何開始的人」與「想〇〇〇的人」這兩個句型中，也可以把「人」替換成「**你**」，例如把「想要知識變現卻不知道從何開始的人」變成「想要知識變現卻不知道從何開始的你」，以增加連結度。如果採用條列式，建議三到五點就好，可以幫助記憶。

重點十三：不適合對象

提示不適合購買知識型產品的對象，避免錯誤的受眾購買，因為不符合需求產生負評，可透過特質、需求、程度來辨別。例如：

1. 特質

欠缺基本文字表達能力者、特定文案信仰者、思想封閉者、心術不正者、以操弄別人為樂的怪人

——以「文字影響力」為例（Elton）

2. 需求

   (1) 想學算命和占卜的人（請另外洽詢塔羅課程，OH 卡不適用於占卜）

   (2) 想學牌義的人（OH 卡沒有牌義，但學會引導後，它可以帶你看見自己的潛意識）

   (3) 為了賺錢來學習的人（OH 卡諮詢可以收費，但如果只帶著賺錢的目的來學習，也無法學好這堂課）

   ——以「專業 OH 卡諮詢師培訓」為例（史庭瑋）

3. 程度

陪伴式講師訓作為兼顧實戰與高濃度成長的長期課程，並非每個人都適合參與。以職場專業科目講師而言，希望至少是五年以上職場經驗，或兩年以上主管經驗的人士；以柔性科目講師來說（包含但不限於身心靈、療育、運動等），建議有具體實績（實際收費服務過１０位客戶以上）加入。至於純學生、沒有職場經驗的人，則是不建議現階段參與。

——以「陪伴式講師訓」為例（孫治華）

△ **技巧**：如果你的課程一定要滿足什麼條件才能學會，不妨用反向描述，例如一定要「動手實作」，不適合對象就寫「不想動手實作的人」，如果想更清楚表達，可以在不適合對象後面加註說明。如果採用條列式，一樣建議三到五點就好。

誘因四：超值學習好禮

超值學習好禮就是指現在購買知識型產品，還可以得到什麼樣的贈品，以增加行動誘因。但贈品不要亂送，要能幫助學習才有意義，例如：參與林長揚的「單張懶人包課程」，就送「懶人包模板」。

細節來説，要能為受眾解決痛苦，而這個痛苦在原本的知識型產品中，可能無法完全解決；也可以提供專屬權益，讓受眾獲得尊榮禮遇的感受；又或者額外加碼，常見於募資期間使用。

重點十四：解決痛苦

能為受眾解決痛苦的學習好禮，建議提供的類型，像是線上課程、簡報檔、電子書、心智圖、模板、清單、軟體、工具包等。例如：

為了幫助你快速打造變現系統，這次我會送你五樣贈品：

(1) 銷售文案模版：用於線上成交

(2)LINE 訊息模版：用於銷售完款

(3) 電子報內容模版：用於名單行銷

(4) 廣告文案模版：用於引導流量

(5) 廣告圖片模版：用於提升點擊率

現在報名，再送你兩門補充教材：

(1)「無形滲透」線上講座｜錄影回放：觀摩如何舉辦一場線上講座

(2)「業務之神的安靜成交術」讀書會｜錄影回放：優化線

上銷售流程與文字對談

——以「黃金變現策略」為例（Elton）

△ **技巧**：學習好禮最好已經有現成的，不需要額外製作，以免增加過多成本。

重點十五：專屬權益

擁有特別資格，享受專屬權益，獲得尊榮禮遇的感受，包含以下類型，專屬社群、線下活動參與資格、年終派對、一對一諮詢等。例如：

現在加入「文字影響力」獲得更多學習資源

(1) 終身學習群組：相互學習，共同成長，人脈交流

(2) 專屬課程優惠：優先提供專屬優惠，包含線下活動免費參與資格

(3) 課後作業指導：Elton 親自回覆你寫的作業，給予一對一指導

——以「文字影響力」為例（Elton）

重點十六：額外加碼

達到門檻額外加碼的學習好禮，通常有以下類型，解鎖單元、抽獎、折價券、贊助商品等。例如：

200 人解鎖：IG 版型製作心法單元

400 人解鎖：商務簡報應用單元

600 人解鎖：Microsoft 個人版／一年／抽 3 位

——以「忘形流圖像資訊溝通術」募資期間為例（張忘形）

△ 技巧：門檻不要太高也不要太低，對於受眾而言，太高沒動力，太低沒挑戰。

▌小結：精準誘因，強力勾引

欲望的累積需要更多誘因的堆疊，所以我們不能單純的介紹資訊，而是要觸動受眾的內心。知識內容介紹能增加價值感；重要學習資訊能增加信賴感；抓到精準受眾能提升適合感；如果還有超值學習好禮，就能增加衝動感。

如果你按照步驟撰寫，當受眾閱讀到這裡時，欲望應該已經來到了最高點，那下一個步驟應該要做什麼呢？

答案，已經很明顯了。

第15課
祕密四：上癮的八種催化（上）

吸引、導引、勾引，最後就是「**上癮**」了。

上癮意味著要讓受眾想要買單，就算不買單也要念念不忘。為了達成這個結果，在內文中有很多細節要注意。

根據研究結果顯示，當一個人在考慮採取某項行動時，需要潛在的獲益達到潛在損失的二到六倍，才會真正行動起來，這一點反映了讓人們採取行動的困難性。因此，想讓受眾購買知識型產品時，必須透過文案表達課程的價值，遠遠大過於金錢的損失，如此一來，敦促行動才有意義。

這一堂課談的是上癮的「催化」，催化的代表「移除改變的阻礙」，而非「卯盡全力的說服」，我將與你分享八種催化。由於內容豐富，分成上、下兩集說明，上集與敦促行動直接相關，下集與敦促行動間接相關。

我們先來看上集，分享前五種催化，提升受眾買單的衝動。

催化一：價格呈現

價格呈現方式，會影響受眾選擇傾向與購買意願。

例如：

《經濟學人》雜誌訂閱一年

電子版：59.00 美元

紙本雜誌：125.00 美元

紙本＋電子版：125.00 美元

你會選擇哪一個方案？根據實驗結果，84％的人都選擇了紙本＋電子版。

我們可以運用價格的排列組合，形成心理上的框架。透過高價值與低價格的表達，創造價格的吸引力，最常見的價格呈現手法，包含原價多少、特價多少，或者是原價多少、早鳥價與晚鳥價各是多少。

關於價格呈現有五種公式，以下分別說明。

公式一：計算式

幫受眾計算價格的優惠程度，適用於低價產品。例如：

1 天只要 XX 元，用一杯咖啡的零錢，徹底搞懂○○的決勝關鍵！

△ **技巧**：讓付出極小化，算完之後建議再加一句賣點以增加價值感，而不要只停留於低價感。

公式二：條列式

用條列式呈現所有價格，讓受眾自行比較對他最有利的方案。例如：

6 小時帶走三大招式＋一張圖卡作品

優惠價 $2,999(原價 4,200 元)

學長姐推薦價 $2,799/ 人

兩人團報價 $2,799/ 人

三人以上團報價 $2,599/ 人

——以「從 0 到 1 手把手教你做好看的知識圖卡」為例（艾咪）

△ **技巧**：由上到下通常價格由高到低。

公式三：比較式

與其他知識型產品相比較，以呈現價格優勢。例如：

我的「文字影響力」課程 2021 年「私人總裁班」的訂價是 55,000，優惠也要 38,500，所以「癮型暗示」的定價也不該太低，報名費為 10,000。

——以「癮型暗示」為例（Elton）

△ **技巧**：建議比較自己的課程為佳，如果與業界相比，請委婉比較或暗示說明，不要直接說別人的又貴又爛，而失去自己的格調。

公式四：價值式

直接宣告價格多少，即使方案有折扣，也不會過度強調，更不會幫受眾計算優惠程度，讓受眾自行感受。如果方案較多，通常會合併使用條列式，適用於高價產品。例如：

包班需達指定人數：

3 人包班：30,000／1 人

6 人包班：28,500／1 人

10 人包班：27,000／1 人

本課程包班最低 3 人起，如包班為其他人數或者過１０人以上，請透過 LINE 聯繫。

——以「文字影響力」私塾養成班為例（Elton）

△ **技巧**：簡單明確的說明，不要有模糊地帶。

公式五：贊助式

免費活動更要注意價格與價值之間的關聯，以免被當成詐騙。如下：

參加者不用先支付報名費，當讀書會結束之後，依照你的收穫與意願，支付你認可的價值。你也可以當作是場免費活動，輕鬆的參與，不支付任何費用、完全不用有壓力。而讀書會的盈餘（扣除成本）將全數捐助「創世社會福利基金會」，用於「到宅服務」計畫。你的捐助，將能讓更多長期臥床、原本只能擦澡的植物人或老人，舒適在家原床泡澡。

——以「高效讀書會」為例（Elton）

△ **技巧**：即使是免費活動，也要清楚説明，並強調價值。

「**計算式、條列式、比較式、價值式、贊助式**」這五種公式，可以單用，也可以混用。以價格來區分使用時機，計算式、條列式與比較式常用於中低價位產品，因為透過對比讓人感覺物超所值；而價值式則偏中高價產品，因為透過彰顯價格來呈現價值；贊助式適用於免費課程或公益活動。

催化二：稀缺因子

稀缺因子簡單來講就是限時限量，並搭配優惠方案，以創造知識型產品的價值感與付費的衝動感，分成明確的與浮動的稀缺因子。

公式六：明確的

明確的時間、名額。例如：

1. 限時
最後一期 66 折優惠！倒數計時 XX 天！
2. 限量
為求上課品質與學習舒適度，每場限額 30 人

——以「文字溝通力」為例（Elton）

公式七：浮動的

雖然有明確的限額，但卻有浮動的時間與價格。前者以完款先後排定報名順序，所以等於是讓受眾自己限時；後者只表暗示達非永久優惠，創造可能會失去的不確定感。例如：

1. 浮動的時間

　　原價 NT.3,000（現場報名，須繳交原價，且不保證有名額）

　　網路報名優惠價：只要 900 元

　　提醒你！每場限額 30 人（以付款先後排定完成報名順序）

——以「文字銷售力」為例（Elton）

2. 浮動的價格

　　原價 NT.1,800，網路報名優惠 1,000 元（非永久優惠，視報名人數往上調整）

——以「文字溝通力」為例（Elton）

△ 技巧：運用稀缺因子時，請一併說明提出方案的原因，以增加說服度與好感度。如果沒有原因，容易顯得唐突，讓效果打折。

催化三：排除疑慮

當你的受眾要採取行動前，有沒有什麼原因可能讓他卻步，請直接破除疑慮。

排除疑慮可能是一句話，也可能是一段話，不要拘泥文字要寫多少，重點在於你能否破除受眾心中最大的疑慮。

付費前產生的疑慮有兩種，要嘛是怕難，擔心學不會等於浪費錢；要嘛是怕太便宜，所以擔心買到爛東西。貴倒是不用怕，因為價格暗示價值。以下分別處理學不會跟太便宜的疑慮：

公式八：學習難易

說明學習難易度，避免因為受眾擔心學不會而卻步。例如：

你不必擔心它很難學習，正因為它簡單有效，才如此珍貴。而你需要的只是有人提點，否則很多人誤用了卻還不曉得，但如果正確使用，就會發現說服與銷售竟然可以變得如此舒服。

——以「無形滲透」線上講座為例（Elton）

公式九：低價處理

對於價格有疑慮的處理方式，強調初心與價值。例如：

提醒你，不要因為只是覺得便宜而報名，你要看到的是「文字結構力」這系列課程的價值，能直接幫你創造獲利的未來。賣這麼便宜，是因為我希望這個課程，能讓每個人都負擔得起。

——以「文字結構力」為例（Elton）

△ 注意！不要只強調 CP 值，也要談價值，因為永遠有比你更便宜的產品，網路上還有一堆「免費」的資源。

催化四：提供理由

提供一個受眾現在必須要採取行動的理由。提高賭注就是告知機會有限，現在不下單就會失去，降低門檻就是暗示容易，現在行動就能一勞永逸。

公式九：拉高賭注

提高賭注就是告知機會有限，現在不下單就會失去。例如：

由於這不是我的課程規劃主軸，更不是我的獲利來源，我也必須調配我的時間與資源，留給不同付費層級的學員，所以開完這次團體公開班之後，未來只會有一對一教練班。如果這是你想要的，你還在等什麼呢？

——以「文字結構力」為例（Elton）

△ 注意！不要過於操弄恐懼感，以免只能做一次生意。

公式十：降低門檻

現在擁有知識型產品，能獲得什麼即時的好處。例如：

這不是一個長期的養成計畫，學完馬上就能開始，而且可以不斷複製，讓你用流程換取時間，讓知識變現變得更容易。看到這裡，聰明的你應該知道如何選擇了！

——以「黃金變現策略」為例（Elton）

△ 技巧：「學完馬上就能開始」是解決問題的強大誘因。

催化五：敦促行動

　　直接催促受眾立刻採取行動，可透過提示效益、好康與團報來催化行動。

公式十一：提示效益

　　加入學習效益，讓呼籲行動成為一句鏗鏘有力的金句。例如：

　　現在就報名，讓知識圖卡成為你專業、學習和社群經營的放大利器！

　　──以「從0到1手把手教你做好看的知識圖卡」為例（艾咪）

△　**技巧**：用短句、押韻創造節奏感。

公式十二：提示好康

　　如果方案中有贈送超值學習好禮，不妨在呼籲行動中加入提示。例如：

　　YES!!! 我要以優惠價報名「文字銷售力」課程，讓文字成為鈔能力！並獲得所有好禮！

　　　　　　　　　　──以「文字銷售力」為例（Elton）

△　**技巧**：篇幅允許時可以把所有學習好禮再寫一次，篇幅不允許時提示可以獲得所有好禮即可。

公式十三：提示團報

一次呼籲行動就讓受眾呼朋引伴。例如：

如果你也想讓專業被看見，讓知識能變現！趕快找你最關心的好同事、好朋友、好閨蜜、好情人、好家人一起報名吧！

——以「開課獲利方程式」為例（Elton）

△ 技巧：不要只寫團報優惠，要寫找「誰」一起來。

小結：行動催化，提升衝動

上癮的重點不在降價促銷，而在於形塑價值。你能讓他感受價值的程度，決定他付費的意願與速度；透過「**價格呈現、稀缺因子、排除疑慮、提供理由、敦促行動**」五種催化，提升受眾付費的衝動，順利的話他已經買單了。

但我們的任務還沒結束，還要再受眾心中埋下一顆會發芽的種子，讓他買了會想學，不買會想念。

第16課
祕密四：上癮的八種催化（下）

上癮不只讓受眾買單，更大的祕密在於「買了會想學，不買會想念」。買了會想學表示能增加他的學習動力，不買會想念意味著你還有機會挽回。要達到這樣的結果，必須要透過暗示，為受眾安上心鎖。

這一堂課的三種催化，都是以暗示為基礎的文字技術。

但在你學會它之前，我要分享一個名為「**巴孚實驗**」的研究，這個實驗進行了一個文句重組的測驗，要求受試者盡可能快速地完成題目。它看似只是一個益智遊戲，但其結果卻發人深省。

在這個測驗中，受試者被提供了好幾組單字，受試者需要將它們重新排列成一個完整的句子。在這些單字中，藏著一些與美國老年人特定狀態相關的字眼，如：「憂慮、佛羅里達州、老、寂寞、灰色、賓果、皺起來」，沒想到這些單字竟然觸發受試者對於老年人的聯想，讓受試者在完成測驗後的動作變得更加緩

慢，變得更像老人。

這個實驗提醒著我們，我們對於周遭環境的暗示訊息是非常敏感的，我們的想法與行為在無意識中受到各種暗示的影響。因此，我們每個人都應該努力創造一個正面的語境，以及避免使用可能引起負面影響的訊息，撰寫文案也是一樣。

當你有以上認知後，讓我們繼續學習。

催化六：提供選擇

沒有人喜歡被強迫，不斷的敦促行動有時候會得到反效果。提供二選一的選項，讓受眾自行做出對自己有利的選擇，也能減少出現購買後悔的想法。提供選擇分成兩種，第一種是先苦後樂，強調擁有的益處；第二種是先享後怕，暗示可能的危機。

公式十四：先苦後樂

透過兩段描述，第一段是受眾不改變或不想要所面臨的痛苦，與受眾痛點有關；第二段連結改變後能獲得的快樂與美好，與產品賣點有關。例如：

當然，你可以今天放棄最超值的課程，然後和大部分的人一樣，花費更多的鈔票與時間，卻不一定看到起色⋯⋯或者，你也可以選擇投資自己的腦袋，學會這一系列 SOP，從此用更少的成本，讓你的按讚變成訂單！

——以「超高效！七小時搞定臉書行銷」為例（Elton）

△ 技巧：結尾可以略為激勵，加強暗示。

公式十五：先享後怕

先讓受眾想像未來的美好，再讓這份美好也發生在競爭對手身上，以激發危機感。例如：

想想看，如果只要坐著動動手指，就一直收到叮咚叮咚的訂單通知，在你吃飯的時候幫你賺錢，在你睡覺的時幫你賺錢，那會是什麼樣的感覺呢？

再想想看，如果上述情況，是發生在競爭對手身上，而不是在你身上，那又會是什麼樣的感覺呢？

——以「鈔級文字力」預售頁為例（Elton）

△ 技巧：可用「想想看」邀請受眾進入想像的世界。

▌催化七：承受代價

如果問題不解決會付出什麼代價，利用害怕失去的心理促使行動。

公式十六：損失金錢

現在不決定，未來多付錢。例如：

當然你可以先不要加入，電子報仍然會提供免費的文章。之後推出的新課程，我一樣會通知你，你可以挑選喜歡的再報名。不過，你很快就會發現，隨便報個兩門課，就超過了今天加入

的數字。

——以《文字力學院》的「終身學習方案」為例（Elton）

公式十七：賠上未來

現在不面對，未來更悽慘。例如：

如果專業的你再不出來，不專業就會領導專業！如果正面的你再不出來，負面價值就會擊垮正面價值！

——以「開課獲利方程式」為例（Elton）

催化八：結尾暗示

在結尾處留下想像空間，透過正向鼓舞，為受眾帶來希望，透過負面隱喻，刺激受眾內心渴望，或者運用當下暗示，讓受眾感受到未來的樣貌取決於現在的決定。

公式十八：正向鼓舞

以正面表述激勵，為受眾帶來希望。例如：

學會文字溝通力，讓你的用心被真心對待。

——以「文字溝通力」為例（Elton）

△ 技巧：可以運用「學會○○○，讓○○○○○」句型。

公式十九：當下暗示

更委婉的暗示，不強力要求行動，但提示未來的結果取決於現在的選擇。例如：

你想要的未來，可能鬆手失去，也可能緊緊抓牢，這一切，就看你現在如何選擇了。

——以「鈔級文字力」預售頁為例（Elton）

△ 技巧：委婉一點，具象一點，留下餘韻，效果更長。

小結：暗示催化，心鎖安裝

上癮除了提升付費衝動之外，還有讓受眾不買單也忘不了的**「提供選擇、承受代價、結尾暗示」**三種催化，透過傳遞暗示，即使不買單也留下深刻印象，就像安裝了一個心鎖一樣。

「吸引、導引、勾引、上癮」是 Elton 風格的知識型產品銷售文案的四個步驟，現在你已經掌握這些祕密了。更棒的是，它們是樂高，而不是拼圖，你可以組合成你想要的模樣，而不用把它們拼成相同的輪廓。

下一堂課起，我將透過連續八堂課告訴你：如何讓受眾不只成為你的客戶，更成為你的代言人。

第四篇

讓學員成為
你的代言人

第17課
我也想和她一樣，改寫人生

　　Eva 是一名居住在高雄的財務規劃從業人員，幫助客戶保護資產，做有效的理財規劃。疫情期間因為無法與客戶碰面，讓她的業績大受影響。

　　那天，Eva 在朋友的臉書貼文下，看到了某一門課程的連結，朋友的引言只是有興趣可以看看這類簡單的文字。

　　當她造訪網頁並且閱讀完所有的內容後，由於深受文字吸引，認為這門課程可以解決他在工作上的瓶頸，於是決定報名課程，付了五位數的學費。

　　那是她第一次造訪那個網頁，第一次看到那篇知識型產品銷售文案，第一次知道有這門課程，第一次知道有這位老師。

　　那門課程是線上同步教學的帶狀課程，共計學習五個晚上。然而，當時的她很忙碌，除了白天的例行工作外，晚上還得參與開會，所以經常搞得分身乏術。她參與這門課程時，由於邊開會邊上課，加上課程難度又高，她總覺得很難百分之百吸收課程內

容，但是她仍然設法努力跟上。

第一次上完這門課程之後，她開始嘗試運用課程所學融入到她的工作中，包含透過訊息的文字表達情境中，以及面對面的業務銷售對談裡。

她發現她開始有所進步，雖然她不是全然的理解課程內容，但她的工作表現開始與同事拉開距離。儘管公司的教育訓練會提供話術，然而自從她上完課後，她再也不需要背話術，更不需要強迫推銷，而且客戶的反應變好了。

相隔四個月後，她又上了另一門兩天一夜的實體課。

她在課堂上分享了前幾個月前上課的收穫與改變，她表示自己的表達能力飛躍成長，當她和客戶對談時，很輕鬆的進入談話融洽的氛圍，客戶總是很快的就相信她，更棒的是，成交也變得順理成章。

當時，由於她的業績公司尚在結算中，所以她沒辦法告訴我們賺了多少，但她很肯定這已經是她生涯的一大突破，而且是在疫情期間，難以和客戶碰面的情況下。

這門課真的很特別，也留下了許多精彩的見證：

艾咪說這是她當年度上過最棒的課程，尋意說這是一堂很過癮的好課，重諺說這是一堂每週上課前、下課後都會夢到的神奇課程。辰緣上了課之後，在臉書上寫了一篇文章來推廣他的命理占卜服務，並且投放了廣告，但他只花一千五百塊廣告費，竟然就賺到了四萬元，他驚訝的發現，原來透過文字獲利是這麼容易

的事情。

後來當業績結算完成後，Eva 不敢相信的說這一切太值得了，還主動成為這門課程的代言人，逢人就介紹、逢人就推薦。她感到非常興奮，她覺得人生都改變了，因為她運用所學，竟然足足賺回了 60 倍學費，她不敢相信自己竟然在這麼短的時間之內，事業就能有這麼巨大的變化。

他們都是看過 Elton 風格的知識型產品銷售文案而報名了我的課程，在學習後得到成長與改變，而且他們都上了一樣的課程。我沒有給他們錢，但他們卻幫助自己賺到更多錢，更重要的是，他們都開始改寫自己的人生，因此他們都成了我的代言人。

有段時間我只開實體課程，記得有一次我舉辦一場講座，那天有位朋友遲到了一會兒，因為她為了聽我的課程，特地從阿里山下來，由於路途遙遠，中午就出發，一路轉車再轉車，直到晚上才抵達臺北的教室。而你現在卻不需要如此舟車勞頓，因為現在我已經把大部分的課程都線上化了，而我正透過這些文字，將知識型產品銷售文案的知識與技術分享給你。

正當我們都為 Eva 感到高興時，Eva 的故事後來卻有個意外的發展，因為經過計算後才發現，原來她當初算錯了，正確答案讓所有人都嚇了一跳，她賺回的不是 60 倍學費，而是……

第18課
讓代言有效的三大關鍵

　　當我們看到大排長龍的餐廳或小販，很容易就忍不住也跟著排隊了，即使當下沒有跟著排隊，心裡可能會想，這麼多人排隊，這家店應該滿不錯的，改天等人少一點再來吃吃看，總之就是對這家店產生了興趣與信任。為什麼我們會這樣想呢？

　　根據行為科學家羅伯特・席爾迪尼（Robert B.Cialdini）在《影響力》中說明「社會認同原理」時提到，「在判斷何為正確時，我們會根據別人的意見行事」。

　　獲《富比士》評選為「30位30歲以下創業家」的班・派爾（Ben Parr），在《引誘科學》中提到：「一個人可能會弄錯或帶有成見，但是當八百五十人都下載某一首歌，或給某一家餐廳五顆星的評價，我們就很難否認它的信譽。群眾的樣本規模越大，我們就越有信心——我們認為怎麼可能八百五十人都搞錯？」

以上清楚傳達了心理學上所謂的「**從眾心理**」，我們會配合他人的意見調整自己的行為。在網路上購物時，我們都喜歡看看有多少人推薦這個商品，報名課程亦是如此，而且由於課程並非剛需商品，鼓舞受眾付費報名，需要提供更多理由。

至於什麼樣的理由最好，我認為學員課後的學習心得就是最有利的推薦，因為當我們考慮是否需要參與這門課程時，和自己需求相仿的另一個人的法想，很可能就是讓我們想報名的理由。

所以，學員的心得就是最好的代言。

如果你希望讓心得見證發揮最大效果，請記得三大要點，包含「**成果、感受**與**多元**」。以下分別說明：

▌ 一、成果，是最好的代言

「**成果**」代表學員在上完課程後所實際獲得的進步，包含創造實際的作品或者具體的成就，是所有心得見證中最好的一種。

例如，上過「文字影響力」的學員寫下課後運用所學：「用簡單技巧就能輕鬆說服他人。」以及「靠一篇安撫顧客情緒的文字，躲過上司的追殺！過去再機車的顧客，現在好像都能溝通了。」這樣的成果，這些心得顯示了學員能力的提升，在與他人透過文字和語言互動時表現得更好，足以證明了該課程的學習效用。如果課程能讓學員有實際產出或能達到特定目標，請務必要蒐集學習心得，因為這些是肉眼可見的證明。

例如，上完林長揚的懶人包課程，當天就能做出一張懶人包

圖片；上完邱奕霖的視覺筆記課程，就能從完全不會繪畫的新手變成能夠用圖像進行視覺筆記。這些成果對於受眾具有一定程度的說服力，也能夠鼓舞更多人參與這樣有價值的課程。

▌二、感受，是醉心的體驗

最好的心得見證是成果，第二好的心得見證是學員對於這門課的學習「**感受**」，例如，同樣上過「文字影響力」課程，以下摘錄兩位學員寫的心得見證就更偏重感受性的描述：

「這是一堂我每週上課前、下課後都會夢到的神奇課程，是一種期待的夢，期待上課中滿滿的啟發；是一種內化的夢，內化課程裡明確的智慧。」

「如果將今年上過的課程來票選，那這堂『文字影響力』團體班最終回，將會榮登我心目中的冠軍寶座。」

學員的感受很重要，因為它們反映了學員對課程的投入度和滿意度。特別是如果課程屬性是學員課後短期內無法創造具體成果，又或者課程的特色在於學習活動、場域氛圍、團體動力等體驗，參與課程時的感受就格外重要。

雖然上述提到心得內容中，成果優先，感受次之，但這並不意味著在課程文案中只列舉一堆成果型的心得，就是最完美的組合，因為這樣可能會失去對於較為感性的受眾的吸引。

同樣地，只有一堆感受性的內容，也可能讓受眾感到不踏實，並失去對於較為理性的受眾的關注。成果代表著理性的一

面，而感受則屬於感性的範疇。同時，情緒是影響大腦決策的關鍵因素。

綜上所述，為了營造更具說服力的課程文案，我們應該在心得見證中兼顧成果和感受。成果能夠展示學員在課程結束後所實際獲得的進步和成就，而感受則能夠觸動他們的情緒，深化對於課程的印象和價值感。

如此才能滿足不同受眾的期待，讓閱讀體驗更具層次感，同時也能更有效地激發受眾的情緒起伏，進而更有效地影響決策，提升受眾對於課程的信心，增加參與的意願。

三、多元，是判斷的依據

讓代言有效的最後一點是「多元」，包含見證者的相似性與差異性。

賓州大學華頓商學院行銷教授約拿‧博格（Jonah Berger）認為，「提供證據的人和我越像，他們的經驗、偏好與看法，就越適合當成下判斷的資訊」。換句話說，我們只要找和受眾相似的佐證，就可以加速受眾做出決策。而他同時認為：「如果數個來源提供的資訊過於重複，通常會被歸類在同一類，被視為單一來源。」所以我們不只要找與受眾相似的證言，還要尋找不同來源的佐證。

因此在我的課程文案中，往往會存在各種不同職業類別，以及不同成果或感受的心得見證，好比在「文字影響力」的課後心

得，都展現了不同取向的觀點。

斜槓創業者 Amy 說：「我實在驚呆了！到底上完這門課程是有什麼魔力，忽然之間好像一堆錢要朝著我衝過來的感覺。」

輕小說創作者 Maro 提到：「特別提醒你，Elton 不教文案，他教的是溝通，任何時刻都可以運用的；只是主要媒介是文字，所以有特別為了網路溝通的文句做設計。」

而整復專家林旭堯認則為：「沒有上過課的致敬者，只能模仿 Elton 的形，永遠學不到 Elton 的心。」

小結：成果、感受、多元

現在你已經知道讓代言有效的三大關鍵：**成果、感受、多元**，它們能讓心得見證創造最大效果。

挑選心得的方法，在我的第一本書《鈔級文字》中列舉以下八個重點：真實的感想、內容要有共鳴、真實的個人資訊、挑選不同的感想、維持平衡感、擷取重點就夠、下個好標題、比較前後差異。如果你想進一步了解這些內容，請參考《鈔級文字》P.173 ～ 176 的說明。

下一堂課起，我將透過連續五堂課告訴你，如何讓代言有效的五個技巧，最後一個你可能從來沒想過。

第 **19** 課
技巧一：理由

　　如果你希望讓心得見證獲得最佳代言效果，請記得「**不要只放一句話**」。

　　雖然一句話也能帶來背書效果，但由於意見描述太少，導致溝通不足，連帶讓銷售力道不夠。建議心得見證至少要有兩、三句話到一小段落為佳。

　　好比當我幫其他講師推薦課程時，除非只是在社群貼文下留言，我會用比較簡短的文字推薦，否則凡是單篇推薦文，最少都會寫個兩百字以上，因為這樣才能完整表達我推薦的理由，讓受眾對於這門課程有更多認識，進而提升參與意願。

不要只放一句話的原因：理由

　　直接舉個例子，以我個人為東默農的「原子編劇課」所寫的推薦文為例，節錄部分文字如下：

「參與『原子編劇課』，讓你看電影再也不會只會説：這部電影很好看、這部電影很難看、這部電影很好哭、這部電影很難笑……，而是能説出這部電好在哪裡、壞在哪裡，導演的巧思在哪裡，編劇的用心在哪裡。同樣看一部電影，膚淺與深度就在一線之隔。」

　　以上只是節錄推薦文的一個段落就 112 字了。從這段範例當中我們能理解，比起只寫「超級推薦」、「大推這門課」短短幾個字的推薦，長一點的心得更具説服力。兩者的差異在於是否清楚表達推薦的「理由」，因此需要更多字數。當你請學員寫課後心得時，字數較多也才有容錯空間，節錄適合的段落就好。

心得只有一、兩句話的五種情況

　　雖然我強調心得不要只有一句話，但是在以下五種情況下，容許心得篇幅較短：

　　一、除了這句還有其他的心得。

　　二、說這句話的是名人或意見領袖。

　　三、推廣的是中低價課程。

　　四、銷售頁的文字篇幅較短。

　　五、銷售頁有豐富的視覺設計。

　　接下來我將依序説明以上這五種情況。

一、除了這句還有其他的心得

當你還有其他的心得為你背書時，只有一句話的心得是可以被接受的。

以「文字行動力」課程為例，有多位學員為其撰寫心得。第一則心得只有一句話：「謝謝 Elton 讓我重拾信心。」雖然這句話只有短短 9 個字，但它呈現了學員在參與課程後所獲得的感受。

由於這篇文案中還有其他學員寫的心得，因此這句只有一句話的心得，反而表達了一種直接的感受。相反的，如果整篇文案只有這一句心得，就有比沒有還涼。因此，雖然有例外情況，但我仍建議在心得中表達更多想法，以提升代言效果。

為了幫助你理解，接下來，我們把三則心得見證做以下排列組合，你可以試著感受看看：

「謝謝 Elton 讓我重拾信心。」——學員阿君

「終於上到這門課程，期待很久，效果超乎預期，點子大爆發是因為老師教得好、同學學習氣氛好。」——學員小玉

「每次看到老師推薦課程，不論是他的課程或是別人的課程，都按下去，只是常時間衝到，最後沒刷下去。『文字行動力』課程內容不斷練習與實作，還有讓人行動的十大核心理由，原來這就是『按下去』的魔力。」——專業財務顧問陳雅琪

以上心得字數不含姓名與職銜，第一則 9 個字，第二則 42 個字，第三則 92 個字。透過三則心得文的鋪陳，讓字數由短變

長的安排，能讓這些心得在閱讀時更有層次感，更能感受到情緒的堆疊。

二、說這句話的是名人或意見領袖

還有第二種情況，篇幅短的心得也能被接受。以下摘錄自蔡淇華的《寫作吧！一篇文章的生成》封底的推薦短文，請比較以下這兩行，哪一行感覺比較有吸引力？

「在教育制度做不到的事，作為擴充功能，本書幫忙做到了。」——許先生

「在教育制度做不到的事，作為擴充功能，本書幫忙做到了。」——許榮哲

關於這兩段心得的吸引力，很明顯的是下方的範例比較好，內容都沒變，但差別在於推薦人的「身分」不同。如果是閒雜人等那僅供參考，如果是名人或意見領袖，那這句話就得仔細思量。因為身分帶來的信譽價值，讓只有短短幾句話的心得也分量十足！

三、推廣的是中低價課程

課程定價從數百到數千到數萬都有，在我的認知裡，幾百元的是低價課程，幾千元的是中價課程，而高價課程一人收費至少要萬元以上。

之前我曾開過某堂講座，網路報名收費九百元，價格帶在介於低價課程到中價課程之間，由於屬於中低價課程，受眾不需要

太多的資訊就能做出決定，所以心得字數也不用太多。列舉部分心得如下：

「曾經一直執著想破頭，也要寫出『漂亮文案』，竟然在短短的 2 個小時課程中徹底轉念，心想……原來……文案是這樣寫的啊！」──學員林小姐

「目前隨處都可見到文案課程的市場環境下，Elton 老師卻能不落俗套，把焦點回歸到『文字如何影響人』的本質上。了解這個本質之後，就能清楚了解有效文案與無效文案的關鍵差異點在哪！」──學員林先生

「雖然只有 2 小時，但是收穫滿滿，課程內容真的是經過消化再傳授出來，跟我自己之前聽過其他人的課程都不一樣，最重要的是用範例帶入理論，更能立即理解及應用。」──學員張小姐

雖然節錄的篇幅較短，但是上述的每段範例仍然有 50 字以上。因為銷售的標的是課程，而非消費型商品，所以仍需要基本的字數，才能完整表達學習收穫。

但這不代表你要把學員寫的整篇心得都放到文案中，只要節錄重點就可以，和課程不相關的內容要刪除，辭不達意的地方也要調整，以維持閱讀時的舒適度與節奏感。

四、銷售頁的文字篇幅較短

　　于為暢暢哥寫了《一人創富》這本書，當這本書上市時，他特別為其製作了一個介紹網頁，雖然它不是課程的銷售頁，但呈現方式和課程的銷售頁相仿，應該說暢哥就是把這個介紹網頁當成銷售頁編排。其中讀者心得頁面羅列了各種心得，舉其中一個為例：

　　「認識于為暢十多年，他卸下外商總經理，開了一人公司，實踐了最新力作《一人創富》的超級飛輪！在後疫時代、黑天鵝滿天、世界動盪的年代，非常推薦～值得看的一本書。」

　　這則心得是網路連續創業家、知名企業講師及顧問、現任 SmartM 世紀智庫創辦人許景泰所寫。毫無疑問，許景泰就是名人與意見領袖，于為暢摘要了 77 個字，即使摘要字數短，但也並非只有摘錄「非常推薦～值得看的一本書」，為什麼？答案很明顯，如果只有簡短的字數，代言力道不足。因此，當符合「說這句話的是名人或意見領袖」這個情況時，縮短心得字數是在能完整表達意見、說明理由的前提下。

五、銷售頁有豐富的視覺設計

　　通常我的課程銷售頁都以文字為主，篇幅最長的字數甚至高達 9,000 字，但整個銷售頁上只有一張圖片。這類型的課程文案，心得見證的字數也會比較多，但如果是以較豐富的視覺設計呈現銷售頁，心得字數就可以短一點。以我的某堂講座，列舉兩則心得為例：

「透過 Elton 老師的課程，複雜的理論轉化成簡單易懂的架構，很棒。」

「在圖片、影片王道的時代，返璞歸真的使用文字，不是痴人說夢話，而是 CP 值最高的做法。」

這些心得的原文都高達兩百字以上，但因為銷售頁有較多的視覺設計輔助，自然可以減少文字篇幅，也讓視覺上看起來更簡潔。

小結：推薦理由才是心得重點

當你閱讀到這裡，相信你已經明白了心得見證需要呈現推薦的「**理由**」，因為單一句子的表達不足以展現充分的代言效果。一篇好的心得通常需要至少兩到三個句子，或者一個小段落的內容。當然，在有其他有利條件的情況下，心得的字數可以相對減少。

在這堂課中，我們討論了短篇心得所應著重的要點。下一堂課，我們將深入探討長篇心得的代言效果，這些概念特別適合高單價的知識型產品，以及以文字為主的銷售頁。

第**20**課
技巧二：完整

　　有人可能認為心得不用寫太多，因為現代人不太會閱讀大量文字。事實上，在我的經驗中，願意閱讀文字的人比想像更多。而且，無論受眾是否細讀這些心得，透過更長的篇幅提供更完整的資訊，對於銷售更有幫助。

　　這是因為心理學上存在一個稱為「資訊偏誤」的現象，意思是人們傾向認為提供越多資訊就能做出更好的判斷，即使這些資訊對結論並沒有實際幫助，也認為資訊比實際價值更高。

　　這種現象在中低價課程較不明顯，但在高價課程就會更顯著，因為在不同價格的情況下，價格低受眾很快就能做出選擇，但是價格高的話，我們就需要更多的信任感才能做出決策。更何況心得的功能，並非只是營造讓人信賴的氛圍，更是透過第三方的佐證，來傳遞價值。

　　心得見證的目的是要呈現推薦的「理由」，包含能說明課程的賣點、優勢與特色，還有學員上課的感受，以及上課前與

上課後的改變與獲得的成果，透過分享個人感受，讓受眾能夠深入體驗並更容易產生共鳴。同時，使用客觀事實和個人見解能夠增強說服力。較長的篇幅有助於更深入地溝通，同時也能提高可信度。

完整表達課程賣點

之前列舉的心得摘要字數都不到 100 字，接下來看看摘要字數超過 100 字以上的範例吧！

首先以「文字行動力」課程為例，其中一篇心得見證是這麼寫的：

「或許你會擔心害怕自己學不會，明明放假想放鬆，想到要坐在教室動腦一整天而退縮，其實你不用擔心，跟著 Elton 老師學習『文字行動力』課程，讓你的文字更精確、更有溫度、更有吸引力，讓你在最短時間之內，學會讓客戶採取行動的文字祕訣，尤其課後還可以加入專屬 LINE 群組繼續演練，我覺得很超值，推薦給大家。」——部落客雪波

這段心得中，作者除了提到「讓你在最短時間之內，學會讓客戶採取行動的文字祕訣」的課程賣點之外，還寫下自己特別有感受的特色：「課後還可以加入專屬 LINE 群組繼續演練」，最後寫下「我覺得很超值，推薦給大家」來表達對課程的喜愛。這段心得結合了課程賣點、個人感受以及對課程的推薦，為受眾提供了一個正面的印象。

完整表達成果與感受

我們再以「文字影響力」線上版課程為例，其中一篇心得是這麼寫的：

「課程內容的確更高深、更多變，直接拿課程裡的公式套用或範例修改，就能使受眾買單。像我自己有一次與朋友 LINE 對話間，直接使用了較簡單的技巧，即輕鬆地說服了對方與我合作一項工作任務。然而，讓我受益更多的是，Elton 老師想傳達的初心，任何高深的技巧，必定要搭配上利益雙方的出發點。Elton 老師不只教你高手不想教你的技巧外，更是時刻提醒著學員，把技巧使用在正確的地方，將會創造更多善的循環與影響。」—— NLPer 陳政丞

這篇心得展示了學員對課程的理解與應用，完整表達實際成果與個人感受。作者分享了某次與朋友在 LINE 對話中，使用課程中教授的技巧輕鬆說服對方的成功經驗，這樣的證言對於價格較高且偏向小眾的課程尤為重要，能夠進一步增加潛受眾對該課程的信心。

其實這篇心得原文近千字，因為學員上完課後太有感了，打字打到一發不可收拾，我僅節錄約五分之一的內容，標題用「用簡單技巧就能輕鬆說服他人」，把整段心得濃縮成最重要的一句話，在排版上加深印象。

小結：完整表達才能讓價值呈現

現在你已經意識到完整表達的重要性，在字數較長的情況下，我們能清楚呈現推薦的「理由」，同時包含學員的成果和感受，進而提升資訊的價值感。

接下來，讓我們探討如何進一步提升心得見證的可讀性，它是一個讓心得注入靈魂的儀式，就像在小雞頭上畫一個光環，牠就變成神鳥鳳凰了……

如果本身已經是鳳凰了呢？那，應該可以變成浴火鳳凰吧！

第21課
技巧三：下標

　　通常心得見證的字數較長時，建議下一個標題，就像書籍中的推薦序一樣，我們會為其加上適當的標題，方便讀者快速瀏覽，如此可以提供更好的閱讀體驗和導讀功能。下標不但能為整段文字注入靈魂，還能吸走受眾蠢蠢欲動的靈魂。

　　由於人們常常會出現「選擇性知覺」的心理現象，在接收資訊時會無意識地選擇接收那些符合自己信念或想法、對自己有利的部分，而標題恰好突顯了資訊的內容，當受眾閱讀到與自己內在連結的標題時，就能夠增強這門課程對受眾的吸引。

設計標題的三個好處

　　標題在心得中有三個重要用途。首先，它能吸引閱讀者的注意力，讓他們有興趣繼續閱讀下去。同時，標題也扮演了摘要重點的角色，即使讀者沒有完整閱讀內容，也能了解其中的精華。

即使心得見證字數不多，撰寫一個標題仍然具有意義。除了吸引閱讀和提供摘要重點外，標題還能使整體排版更加美觀。

我們來實際看看更多例子與說明。

好處一：吸引閱讀

首先，以 Jothi Monia 的「希塔療癒」課程為例：

標題：原來我真的很神

「課程結束後留在心底最深的一句話是：『我真的很神。』學習療癒至今，所有心中的懷疑與不確定瞬間離開！真的超感謝我心目中最神的 Jothi Monia 老師！」——學員療癒師小玲

這篇心得以學員內心獨白「原來我真的很神」為標題，精準地摘要了重點。這個標題不僅吸引閱讀，同時在排版美觀上也具有考量，使其能夠在眾多資訊中脫穎而出。

好處二：重點摘要

接著，以 Jothi Monia 的「豐盛天命」課程為例：

標題：沒想到線上課程竟然可以為生活注入財富活水

「疫情爆發，三級警戒讓人措手不及，我也接近暫時失業的人，上有父母，下有寶寶要養，除了等待別無他法。本來對線上課程我還有些保留，沒想到課程還沒結束，就有新案件開始進來，就像天降甘霖，Jothi Monia 也為我的生活注入了財富上的活水。那一刻我才知道，能量的流動是不受限於網路的。」——學員廣告設計 Spring

這篇心得超過百字，並以「沒想到線上課程竟然可以為生活注入財富活水」作為標題，完美地摘要了內容的關鍵句。這個標題不僅能吸引閱讀，同時也與課程名稱「豐盛天命」相呼應，啟發受眾追求內在豐盛的力量。

在心得內文中學員描述了自己的狀態從低谷逐漸爬升，這種令人振奮的變化，學員歸功於課程帶來的驚喜，相當激勵人心。

好處三：排版美觀

最後，以整體造型師陳佳君 Vivi 的客戶提供的心得為例：

標題：不得不推！Vivi 老師的妝髮讓我正出新高度

「這句話是我男友說的 XD 我還無法這麼不要臉說這種話 XD 但照片外流的時候大家反應真的很好，也很多人私訊我說『妝髮也太好看了吧！』、『超美！這個妝很適合！』、『韓劇女主角！』、『你可不可以學個幾招回來自用』XD

而我自己也是真的很滿意，第一次看到化妝的自己，不會讓我覺得『Hello ～你誰啊～』，而是很驚豔原來自己可以這樣亮眼！這就是我覺得 Vivi 老師超強的地方，好像變魔術，她只是請我提供喜歡的妝感、不喜歡的妝感，而我只是隨性找了幾張，但老師迅速就 catch 到了！並且發揮得很好！完全不像初次見面的人，而是很像一個熟悉我很久的人，可以把我的個性、我的感覺，融合於妝髮當中，找到最適合、也最能強化我個人特色的造型。

老師太厲害了！真的！推到無極限！誠心推薦！如果你看

到這篇，千萬不要再猶豫了！預約下去就對囉！」──心理諮詢師碧娥

這篇心得寫得非常俏皮，明顯感受到她的興奮，還故意用「外流」兩個字，讓人莞爾。前文引用朋友的說法，讓這篇心得具有多重見證的效果。文末的強力推薦，連續使用六個驚嘆號，延續興奮的情緒，讓人覺得很可愛，在嘴角上揚的同時，默默在心裡種下信任的種子。

這篇的標題是「不得不推！Vivi 老師的妝髮讓我正出新高度」和內文的興奮感一致，不但能吸引閱讀、重點摘要，當放置在銷售頁上時，也能提升排版的美觀程度。

以截圖呈現心得

如果每篇心得都很長，就需要適度縮減或使用截圖的方式呈現。

例如，史庭瑋的「探索潛意識 – 專業 OH 卡諮詢師培訓」課程的心得，就使用了截圖方式來展示眾多的見證。同樣地，艾咪的「從 0 到 1 手把手教你做好看的知識圖卡」課程，也選擇以圖片方式呈現心得，正好這門課程教授製作知識圖卡，因此在視覺上也有印象加分。透過這樣的方式，不僅能讓心得更簡潔易讀，還能增加視覺吸引力。

小結：讓受眾看到自己想看的

　　為心得下標題的三個好處分別是**吸引閱讀、重點摘要**以及**排版美觀**，這三點具有邏輯關係，當前兩個並存後，就會帶來第三個好處，意思是當吸引閱讀與重點摘要完成後，就會帶來排版美觀的好處。受眾看不完心得根本不是重點，重點是你讓他看到了什麼，以及讓他留下哪些印象。說得再直白一點，你是否讓他看到他想看的。

　　關於下標的方法，可以參考第 10 課「導引的七個魔法」，以及《鈔級文字》第三篇「不只吸睛，更要吸金！現在起決戰標題！」的所有內容。

　　「老師，那如果沒有心得怎麼辦？」在我的課堂上，總是會有人問這個問題。

　　別擔心，我找到了拯救所有人的方法。

第22課
技巧四：劇本

有一次我在網上觀看一門線上課程，由於學習內容很理論，讓我一度神遊太虛。後來覺得累了，跑到 Netflix 看影集，結果我一個小時都看得目不轉睛。兩種影片帶給我的體驗天差地遠，因為線上課程只有理論，而影集則有一個好劇本。

蘇珊・威辛克指出：「我們的大腦會對故事有所反應，所以說故事是傳遞訊息最好的方式。」她表示「個人的故事」能刺激大腦類比，讓人感受到真實發生的體驗，當我們向群眾說自己的故事後，他們更願意聽話照做，勸服效果比光是提供數據資料好。

從以上得知，影響他人最好的方式就是說故事，所以我們不妨把實際案例寫成一篇故事，創造比心得更好的代言效果。而這個實際案例可能來自你，也可能來自你的學員或用戶。關於沒有心得的問題，這、不、就、解、決、了、嗎？

就像電視購物節目總喜歡找人來現身說法，例如使用了這個

產品之後，在幾個月瘦了幾公斤。而我們要做的事，只是把這些案例改寫成更好的劇本，同時請把自己當成一個 4Dx 導演，在文字中呈現五感，即視覺、聽覺、觸覺、味覺、嗅覺等元素，讓受眾閱讀時有更多想像。

以下列舉「吳宇堂脊背整復中心」所提供兩篇改寫自客戶真實案例的故事，明明是成功案例，卻寫得像小說一樣那麼好看。

把成功案例寫成像小說那麼好看

範例一：
揮別十多年的膝痛，終於能和大家一起旅遊攝影

「已經在教育界退休一陣子的彭老師，一直都有膝蓋痛的毛病，本想說退休後不用再久站了，應該會復原才對，但卻事與願違……於是彭老師四處找尋能夠治療她膝蓋痛的方法，就是弄不好她的膝蓋。

直到某位老師介紹她來找我，因為我的手法相當痛，她又是位女生，為了讓她慢慢接受，起初我是用較不痛的手法，確實有改善很大，但總是差那麼一點點……

於是我就問彭老師：『我還有一招，妳要不要試一試？但很痛，若能接受我就做……』話還沒講完，彭老師立馬答應『做』。第一次體驗的她，她向我表示，這雖然很痛，但她有做過更痛的。於是我就放心的處理，經過第二、第三週的處理，她的膝蓋恢復很多，而且再實施手法時已經不痛了。

最重要的是，她終於能一償宿願背著她的照相機，和團友們四處旅遊拍攝美景了。」

用故事性的描述，增加這篇心得的可讀性，內文中置入對白，讓我們在閱讀時很有帶入感。而且標題「揮別十多年的膝痛，終於能和大家一起旅遊攝影」呈現離開原有困境，朝向美好未來的感受。

範例二：能夠來北投，何苦到南投

「為了解決他自身腰痛的問題，劉先生他每週一定會從林口下南投去治療他腰痛的問題，而那位師傅雖然每次大約只花 5 分鐘，就將他腰痛的問題給排除掉，但是卻只能維持一週的時間，所以一週後他的腰痛還會復發⋯⋯

所以劉先生就要再南下至南投解決他的問題，就這樣他持續了 2 年多的時間，直到某一天，劉先生的工作夥伴知道他的狀況，隨口就說，怎麼不去找吳師父試試看，而且在北投而已。

到了本店，約莫處理一小時後，我交待劉先生，你的概況是肌肉過於緊繃了，我建議他一週後再來處理。一週後劉先生依約前來，就這樣處理四週後⋯⋯劉先生腰痛的問題再也沒發作過了。」

這篇心得的標題「能夠來北投，何苦到南投」就像個「鉤子」，非常精妙且饒富趣味！它運用了對比和押韻，光是標題就有故事感，讓人產生好奇，帶來情緒波動，因此吸引閱讀的力道非常強。而吳師傅一貫把對白置入，讓這篇成功案例讀起來像讀

小説一樣有趣。

　　有件事情必須留意，中醫藥司表示傳統整復推拿在推廣時，應避免出現影射醫療業務的文字，例如專治五十肩、脊椎側彎、足底筋膜炎等病症，或提供傷科推拿病理按摩。如果你是民俗調理業者，或者工作上需要為其撰寫宣傳文案時，還請特別留意。

創造落差讓人覺得怎麼那麼厲害

　　前面的兩篇故事雖然讀起來有趣，但如果你覺得字數太長，我們有另一個辦法可以解決，就是創造落差。舉艾咪的「知識圖卡教練課」課程文案中的一個段落作為例子：

　　「有學員跟我分享，說他原先做一張圖卡花了 2-3 天，做出的作品仍不滿意，卻在學習後，運用課堂所學，2-3 小時就完成一個自己覺得不錯的作品。也有學員回饋，他的社群貼文，最一開始如沙漠般貧瘠，觸及人數僅僅只有個位數，課後回家實作，改用金句卡分享，觸及率飆升百倍，突破千人觀看。」

　　這篇範例仍然是把成功案例改寫，以之前和之後的狀況做出前後對比。用比較簡短的篇幅，一個段落之內有兩個成功案例，減輕閱讀負擔之餘，又巧妙地讓課程優勢呈現，實為一個非常聰明的作法。

小結：故事能創造絕佳的閱讀體驗

在蒐集到可用的心得素材之前，例如第一次發售知識型產品、學員課後沒有寫心得，或有心得但表達不佳導致沒辦法使用，又或者因為出於保護隱私的考量所以不能直接引用，當我們遇到上述這些情況，這堂課的方法就派上用場了。

透過改寫成功案例，創造生動的閱讀體驗，當受眾能夠與故事中的主角產生共鳴，尤其是在相似的經歷上，他們更容易感同身受。當受眾發現自己所面臨的困境，有機會獲得改變時，心中就種下了一顆行動的種子。

在探討了這多透過心得為知識型產品加分的方法，但現在面臨了一個問題：在我們的文案當中，該如何有效地安排這些素材，才能創造最大的吸引力以及最好的代言效果？

關於這個問題，我有三種解答。

第 **23** 課
技巧五：框架

如果課後只有一個學員寫心得，可能得思考，到底是課程不好還是人緣不好。先不靈魂拷問，也不討論到底哪個環節出了問題，後面我將會告訴你如何蒐集心得。假設現在已經有五位學員為你寫下心得，這一堂課我們先專注在如何安排這些素材。

心得見證要放篇幅後半段

通常心得擺放的位置會在整篇文字的後半段，因為隨著受眾經由閱讀持續累積欲望後，對於那些第三方證言才會有感覺。如果把心得見證放在開頭，受眾既對課程一無所知，自身的欲望也沒有累積，對這些內容很難產生共鳴。除非是具體明顯的成果，而且與受眾切身相關，例如多少天瘦了多公斤，或是名人見證，否則通常不建議放前頭。

以下分成三個部分來討論安排心得的排序：

一、集中火力，展現購物合理化的關鍵字

多數銷售頁都會把心得見證放在同一區塊，只要把素材挑好以後，再排列組合就完成了，通常一開始只要做到這一步，就能讓課程文案的信任感提升。這樣的優點在於集中火力，讓受眾對於好評一目了然，就算受眾沒有仔細閱讀，也會留下不錯的印象，算是一種簡單有效的做法。

根據國外研究顯示，在廣告中置入一些關鍵字，將可能提升消費者的信賴，例如提到「品質」能提升 30%信任。我認為心得中的關鍵字會起到類似的效果，所以集中火力等於是把所有可以提升信賴的關鍵字集合在一起的一種做法。

網路行銷專家吉姆‧愛德華（Jim Edwards）認為，「**賺錢、省錢、省時、避免身心痛苦、獲得更多舒適感**」是大家最常購物合理化的五點原因。想想看，學員為你寫的心得中，有呈現這些關鍵字嗎？

另外，如果採用的是集中火力方式，請記得為放置心得見證的區塊下個標題，不建議直接寫「心得見證」這四個字，感覺太硬、沒有情感，不妨站在受眾角度思考，用較軟性的文字呈現。

例如「悠然聽心室塔羅占卜服務」的大標題是「看看客人怎麼說」，Jothi Monia 的「希塔療癒課程」的大標題是「聽聽他們的故事」，而《文字力學院》的「文字影響力」的大標題則是「聽聽他們怎麼說」。

然而，集中火力固然簡單有效，但也有其缺點，而且它的優

點剛好帶來了另一個缺點。我在課堂上曾有學員舉手發言，他說如果看到同一個區塊一長串都是心得，心裡會有一種矛盾感，都在講這個課很好，這個講師很棒，雖然一開始覺得很棒，但看太多就漸漸沒感覺，這種沒感覺吃循Ｘ寧是沒有用的。

我十分認同他的想法，當所有心得都集中在一起，受眾看到時心裡可能馬上就有了防備心：啊！這些就是學員好評啊！因而減損了代言推薦的效果。這不代表這就是爛透的方式，但你要知道，我們還有更縝密的做法。

二、分散鋪陳，創造情緒波動的體驗

相較於集中火力的做法，把心得見證分散鋪陳就較為少見。

所謂分散鋪陳，指的是心得見證並非只放在同一個區塊，而是分散在課程文案當中。以「文字影響力」在疫情期間的線上同步教學版課程為例，心得分散放在三個區塊，透過穿插學員心得見證，讓課程介紹不會只有自說自話的感覺，還有緩衝情緒起伏或者延展情緒張力的功能。

在賣點堆疊的同時，難免讓一些人心生疑竇，就像當我們不斷被推銷時，都會產生戒心，所以我們要在受眾可能產生疑慮的段落後面放一個心得，讓受眾先聽聽看其他人的說法，才不會有自吹自擂的嫌疑，這叫做緩衝情緒起伏。

另外，當受眾的欲望持續累積後，就放一個見證，為它的欲望添加柴火，燒得更旺，這個就是延展情緒張力。不管是緩衝情緒起伏，還是延展情緒張力，你可以這樣做，當你感覺自說自話

到一個極致以後，就需要放一些見證了。

以「文字影響力」在疫情期間的線上同步教學版課程為例，心得分散在三個區塊，第一區塊的心得放在寫了 2781 字的課程介紹後。由於心得見證篇數多，字數也多，以下僅摘錄第一區塊心得的標題與見證者身分。

1. 將文字的銷售力藏於無形｜電商工作者珊珊
2. 用簡單技巧就能輕鬆說服他人｜NLPer 陳政丞
3. 一堆錢衝向我的感覺｜斜槓創業者 Amy
4. 是一門很過癮的好課，幸好，早學早知道！｜NLP 訓練師／高級催眠師尋意
5. 讓文字更有邏輯與深度｜心起點創辦人／關係療癒師史庭瑋 Mia

這些心得見證的挑選邏輯，是先挑選內容接受度較廣且吸引力較強的素材，然後想像受眾的閱讀旅程中，可能會產生的感受與情緒來安排次序。

透過「將文字的銷售力藏於無形」凸顯課程價值並吸引那些需要透過文字銷售的受眾，透過「用簡單技巧就能輕鬆說服他人」吸引想要提升說服力的受眾，透過「一堆錢衝向我的感覺」強化興趣，透過「是一門很過癮的好課，幸好，早學早知道」呈現實際上課的體驗。最後，透過「讓文字更有邏輯與深度」呈現課程價值的完整性。

以上是第一個區塊的心得，在其他區塊則有不同的安排，讓

閱讀時創造更強大的情緒波動體驗。因為當你提供了讓人安心的佐證，但一次只給一部分，這樣會刺激大腦釋放多巴胺，產生想要獲得更多、想要完成某件事的渴望。

三、完美排序，讓心得乘載銷售責任

根據「框架效應」顯示，人的想法與判斷會隨著資訊的框架而改變。就像「朝三暮四」與「朝四暮三」明明都一樣，但猴子卻更喜歡「朝四暮三」，因為「感覺」早上多吃一顆栗子。因此，我們也要把心得的呈現方式視為一種框架，才能更有效的影響受眾的決策行為。

至於該怎麼安排這些心得順序呢？儘管從來沒有人這樣教我，但我從一開始就這麼做，而且它帶來的成效顯著。為了方便說明，我從「文字影響力」課程中挑出四個例子並摘要，請試著感覺這幾篇心得見證，在依序閱讀時帶給你的感受。

「一堆錢衝向我的感覺！我實在驚呆了！到底上完這門課程是有什麼魔力，忽然之間好像一堆錢要朝著我衝過來的感覺！我發現，我好像突然學會了能夠『看透人心』的技巧，並且懂得『如何用對方自動想要的結果做選擇』的方法。」——斜槓創業者 Amy

「是一門很過癮的好課，幸好，早學早知道！這是一門懂與不懂會差很多的知識技巧。如果只用一句話形容自己學完之後的感想，那就是『幸好，早學早知道！』」—— NLP 訓練師／高級催眠師尋意

「這是我今年上過最好的課！如果將今年上過的課程來票選，那這堂『文字影響力』團體班最終回，將會榮登我心目中的冠軍寶座。」——知識圖卡設計師／教練 艾咪

「該出發往前了，像塔羅牌中的愚者遇到了魔術師，從0到1，擁有了強大的能量。能為自己，為心愛的人，為安靜等了你許久許久的夢想。成為喜愛的模樣，為重視的人散發光芒。」——知識工程師陳重諺

你有發現什麼嗎？如果沒有，再重頭讀一次。

「一堆錢衝向我的感覺」這段有沒有吸引到你的注意力？「是一門很過癮的好課，幸好，早學早知道！」這段有沒有延續了你的興趣？「這是我今年上過最好的課」這段有沒有感到信任感的提升？「能為自己，為心愛的人，為安靜等了你許久許久的夢想。成為喜愛的模樣，為重視的人散發光芒。」這段有沒有感受到希望，同時帶著催促行動的感覺？

如果你感受到了，那你就已經學會了，而且我也已經講完了，概念很簡單。我特別挑四篇心得，是因為最好的心得見證排序就是：

吸引→導引→勾引→上癮

是的，就是 Elton 風格的知識型產品銷售文案的四個步驟，這個方法不但用能於分散鋪陳，集中火力也應該要這麼做。讓心得見證不只有背書的功能，還能乘載銷售的責任。

你終究要放心得見證的，那為什麼不一開始就做好一點？

小結：三種排續，創造課程價值

心得的排序有三種方式：集中火力，展現購物合理化的關鍵字分散鋪陳；創造情緒波動的體驗；完美排序，讓心得乘載銷售責任。你可以選擇能表現課程價值的排序，安排學員寫的心得。

如果沒有任何心得見證怎麼辦？

如果你的事業剛起步，你的課程也可能還沒有任何心得見證，在這樣的情況下，雷・艾德華建議，可以引用名人的名言，只要不要暗示該位名人願意幫你背書即可。

舉例而言，如果你的產品目標是改善廣告品質，你可以在使用者見證的區塊引用馬克・吐溫（Mark Twain）的名言：「**對的廣告，能將小事成就為大事。**」這句名言雖然不是針對產品發表的言論，但支持了「廣告很重要」的前提。

另外，講師本身的故事也值得被分享，因為這是我們親身經歷的旅程，所以在敘述上更具感情色彩，也更能觸動人心，後續我將更詳細地介紹這一部分的內容。

此外，除了引用名言和講師的故事，我們也應該盡快蒐集足夠且有用的心得見證，以協助你的課程打造成長銷產品，否則沒有人為你代言，這些方法都派不上用場。

別急！下一堂課，我會告訴你該怎麼做才能蒐集到夠多、夠好的心得，同時提醒你要避免不小心踩到的誤區。

第 **24** 課
五個讓學員為你代言的方法

「以大眾而言，沒有口碑的產品最終都會消失」，研究打造經典之道的萊恩・霍利得（Ryan Holiday）在《長銷》中提出警告。所以如果你也希望你的課程能「長銷」，那你最好趕快開始蒐集心得。

先做好課程內容與學習體驗

蒐集心得見證的前提在於「課程內容」以及「學習體驗」的兩者兼具，缺一不可。

也許你曾有類似的經驗，參加過內容很好的課程，但學習體驗卻不盡如人意。儘管你得到許多收穫，但你並不願意推薦給他人。

或者你可能遇到了另一種相反的情況，雖然學習體驗非常好，但課程內容卻沒有給你帶來太多幫助。即使你試圖撰寫課後

心得，卻發現很難寫出具體的內容。

　　所以，我們需要先讓課程內容具有實用性，同時提升學習體驗。最後，提供學員反饋的機會，讓他們能夠表達他們對課程的看法和建議，當你的課程有了好的「課程內容」以及「學習體驗」，蒐集心得就只是順便而已。

　　蒐集課後心得是一個重要且有助於提升銷售的步驟，以下這些方法可以協助你：

一、邀請心得分享

　　如果是實體課程或者線上同步教學課程，不妨在課程結束前，邀請學員提供他們分享對於課程的收穫與感言，可以用書寫或者舉手發言這兩種方式。

　　用書寫的好處在於透過輸出來思考，用口頭分享的好處在於真實呈現。而他們分享的內容，將可以成為他們撰寫課後心得的草稿。這麼做不單純只是為了蒐集心得，而是經由讓學員回顧所學，能有效幫助他們鞏固學習。

二、提供回饋管道

　　在課程結束後，主動提供一個回饋管道，例如課後問卷調查或是線上評論系統，讓學員可以分享他們的學習體驗和心得。確保回饋管道易於填寫，鼓勵學員坦誠分享，這麼做可以幫助你優化課程，其中也可能包含正面的評價，經學員同意後可以成為見證。

三、設計獎勵機制

你可以設計適合的獎勵機制，為撰寫課後心得的學員提供一些獎品以激勵行動。以下列舉十種獎勵機制，看完這些你應該能發揮更多創意。

1. **送簡報**：提供課程完整簡報檔下載。

2. **送資源**：提供獨家的軟體、工具、模板。

3. **送獎品**：提供贊助廠商贊助的商品，或者你特別準備的禮物。

4. **送書籍**：提供你寫的書，或者其他講師的書。

5. **送升級**：提供免費升級到進階課程的禮遇。

6. **送課程**：提供額外贈送一門線上課程或實體講座的優惠。

7. **送優惠**：提供學員購買其他課程的優惠券。

8. **送社群**：提供獲得參與專屬社群的機會，例如加入學習社群、與講師私下交流、參與專屬活動等，或與其他專家進一步深入交流和學習。

9. **送諮詢**：提供免費諮詢一次。

10. **送獎金**：提供現金獎勵，或可用於購買你的課程的點數。

四、達標必要條件

把撰寫心得設定為達成特定目標的必要條件，例如要寫心得才能獲得結業證書、才能獲得認證資格、才能參加成果發表會、才能加入私密社群、才能報名進階課程……等等。

五、營造共榮氛圍

在課程中創造共好的情感連結，激發學員把好課程推出去的動力，你不要求學員也會主動分享；或者營造一種「每個人都在寫心得，所以我也要寫」的課程氛圍，再加上競賽與獎勵機制，例如寫得最好的人可以獲得某獎品，課程心得文的數量就會大爆炸。

重要的是，確保這些激勵措施與你的課程主題和價值相符，並且能夠激勵學員分享真實且有價值的心得見證。此外，要確保傳達獲得獎勵的資格，以維護公平性和透明度。這些方法可以幫助你有效地蒐集課程的心得見證，並在推廣過程中，提升課程的價值與吸引力。

給獎勵不如給鼓勵

班・派爾認為，我們渴望的獎勵有兩種，一種是**外源性獎勵**，一種是**內源性獎勵**。他指出：「外源性獎勵是我們完成某件事情而得到的具體獎勵，例如金錢、食物、獎盃以及滿分的成績；內源性獎勵則是能令我們獲得滿足感與成就感的非具體事

物，譬如當你在音樂會中完美演出你的獨奏部分、解開一道難題，或是完成一本精彩的著作，因而產生的喜悅與滿足感。」

如果你想獲得短期的關注，並立即收集心得見證，外源性獎勵是一種有效的方法；然而，如果你希望吸引長期的關注並建立忠誠度，內源性獎勵將更具威力。

在我早期蒐集心得見證的經驗中，我常常使用外源性獎勵，它們確實快速而有效，但有些心得內容明顯只是為了獲得獎品而寫，真誠感不足。

隨著經驗累積，我逐漸意識到內源性獎勵的重要性，因為學員不僅會記住這個經驗，還會更加用心地撰寫心得見證，這才是創造長遠影響力的基石。

因此，無論你是否設計獎勵機制，都不要忽略激發學員內源性獎勵的重要性，而前面提到的營造特殊氛圍，就是一種內源性獎勵的體現。

「如果要我說，『隱形文字力』到底發生了什麼。我只能說，它讓我的生命完整了。在『文字影響力』中，我得到最強大的武器；在『隱形文字力』中，我脫下武裝與內心相遇。」

這段由「圖像掌心燈」版主徐紘宸撰寫的心得文，情感豐富且真摯，這樣的文筆顯然不是被外源性獎勵所驅使，而是受到內源性獎勵鼓舞而寫下。

小結：先有認同，才有代言

蒐集心得見證前「課程內容」與「學習體驗」要做好，透過「**邀請心得分享、提供回饋管道、設計獎勵機制、達標必要條件、營造共榮氛圍**」五個方法，讓學員為你代言，但最好盡可能地創造內源性獎勵，而不要只有單純的外源性獎勵。

講完了讓代言有效的三個關鍵與五大技巧，以及讓學員為你代言的五個方法之後，下一堂課，我們把焦點回到自己身上，一起踏上知識變現的英雄旅程。

而我的旅程，從我成為契丹人開始……

第五篇

知識變現的英雄旅程

第 **25** 課
那天，我成為了契丹人

　　之前我在網路上看到了一門線上課程，銷售頁上的文案引起我的興趣，開頭點出了我當時在工作上遇到的一些困擾，於是我一路讀下去，當我看到課程內容的詳細說明，覺得課程規劃符合我的學習需求。

　　但是，我心中一直存在一個問號，希望在閱讀過程中得到解答，然而直到我滑到銷售頁的底部，都沒看到這個很重要的資訊──這門課程到底是誰教的？

　　整篇文案對於講師隻字未提，僅粗略介紹了課程是由某個單位所開辦，並且宣稱該單位擁有豐富的辦課經驗，因此課程內容品質有保證，他們信誓旦旦的程度，只差沒有貼上好寶寶貼紙。

　　由於缺乏講師簡介，所以我跳開了網頁。試想，如果連講師是誰都不敢公開，實在讓人對授課者的素質有所顧慮，連帶對這門課程的信任感產生負面影響，而我的報名欲望也因此大打折扣，就像年終大拍賣一樣的下殺。

過了一段時間後，我又一次在臉書上看到了這個課程的贊助廣告。雖然上次瀏覽後對它的印象並不好，但時間似乎沖淡了這些負面觀感，於是我再次點擊進入網頁查看課程資訊，一方面是為了確認這個課程是否真的符合我的需求，另一方面也希望這次能找到之前遺漏的講師資訊。

　　當時我的想法是這樣的：我相信第一次沒有看到講師簡介，可能是因為課程急於推廣，所以文案內容還不完整，隔一段時間再看，或許他們就會補足闕漏的資訊。

　　因為有時我也會這樣，為了搶時間，先把七十分的文案推出去，之後再根據市場反饋調整內容，讓它慢慢進步到八十分、九十分。因為及格就可以銷售，無需追求滿分，時機的重要性往往比文案本身更重要。最大的差別在於，我從來沒有遺漏講師介紹。

　　然而，令我意外的是，在第二次閱讀課程文案時，講師簡介依然沒有更新，這使我感到失望，於是我又打退堂鼓了。

　　第三次看到該課程廣告時，我發揮柯南的精神，根據銷售頁所提及的開課單位，找到他們的官方網站，希望能在那裡找到有關講師的相關資訊。沒想到我竟然再次失望了，因為我不但連講師的背景一無所知，甚至連講師叫什麼名字都不知道。就像偵探在無法找到關鍵證據時感到無奈，我也對這個課程的神祕講師感到困惑。嗯，他們確實提供了不在場證明。

　　雖然這個課程文案確實寫得不錯，視覺設計也有巧思，所以

閱讀體驗是愉快的，然而，它卻遺漏了講師介紹這個重要環節，這讓我對該課程的信任感，已經不只是跳樓大拍賣的跌價，而是經歷了一場劇烈的雪崩。

最終，我決定放棄，不購買這個課程，成為了一位「契（棄）丹（單）人」。

講師介紹在課程文案中扮演著重要的角色，就像一本書的作者賦予作品靈魂和深度一樣，一位優秀的講師能夠為課程注入豐富的知識和經驗，使學習內容更有價值。

講師介紹的缺失，就像是少了一塊的拼圖，使我們無法完整地看到整幅畫面。受眾渴望了解講師的背景，這些資訊能夠幫助我們評估課程的價值。如果一門課程的文案能夠提供良好的講師介紹，就像是找到了遺失的那一塊拼圖，讓我們能夠看清楚全貌，因為信任感的提升，從而更加放心地做出選擇。

下一堂課起，我將逐步與你分享如何撰寫一段適合的講師介紹，讓你明確知道該寫多少字數，該放入什麼樣的內容，以及如何營造一個讓人喜愛的講師形象。

踏上知識變現的英雄旅程，就從此時此刻開始。

第 26 課
踏上知識變現的英雄旅程

　　如果現在有兩門主題相同的課程，授課講師是誰將成為受眾決定報名哪一門課程的關鍵因素。就像當我們發現電影主角是梁朝偉，對於買票進電影院觀賞電影就不會太抗拒；反之，如果一部電影的主角不是我們所熟悉的，對於這部電影就比較興趣缺缺。

　　這個道理，你知道，我知道，片商也知道，所以有一部以華人為故事背景的英雄電影，由於找了觀眾不熟悉的演員擔任男主角，於是就找了梁朝偉擔任男配角，演男主角的爸爸，也是電影中最大的反派。於是在這種神操作下，雖然觀眾不認識男主角，但一堆人反而衝著梁朝偉去看這部電影，因此票房大賣。

　　授課講師之於課程，就像電影之於主角一樣。因此，在受眾深刻認識你之前，你有必要好好介紹自己，講師介紹就是介紹你是誰、會什麼、能幫助受眾解決什麼問題，一言以蔽之，就是「為什麼你有資格講這門課」。

透過講師介紹發揮影響力，改變受眾心理與行為

對照羅伯特‧席爾迪尼提出的《影響力》六大原理，我們可以透過講師介紹做到「權威、喜好、社會認同」這三點影響受眾心理與行為。

透過權威原理，讓受眾信任你，介紹你的頭銜、資歷與背景，讓我們知道為什麼你能提供指導與協助；掌握社會認同原理，讓受眾更加信任你，告知你已經幫助多少人、已經累計多少用戶；運用喜好原理，讓受眾喜歡你，分享你的故事、使命與宣言，建立你與受眾之建的情感連結。

如果你就是這門課程的講師，講師介紹的功能在於讓人認識你、信任你、喜歡你，這是課程文案中不可或缺的一部分，在我們開始學習如何撰寫講師介紹之前，讓我們先討論講師介紹的兩大問題。儘管你可能已經了解這些問題，但容許我做一個提醒。

表達失衡的兩大問題

講師介紹能與課程價值相互連結，因此能幫助行銷推廣。好在大多數課程都有寫講師介紹，只是部分卻存在以下兩大問題，造成表達的失衡，在你閱讀的同時，不妨趁現在檢視過往的經驗中是否有以下狀況：

問題一：太浮誇

　　講師介紹使用了浮誇的措辭，但卻證據不足，比如宣稱自己是該領域的名師，卻沒有提到相關的授課經驗；說自己是知名暢銷作家，但連哪一本書都搞得神神祕祕。這樣的內容就算不是詐騙，也讓人對課程心生懷疑，即使行銷成功了，往往也只是短暫的，同時也可能吸引到急功近利的族群。

　　這種短期的行銷手段容易帶來利益，但對於長期的品牌經營卻存在問題。因此，我們需要仔細衡量利弊，捫心自問講師簡介是否寫得太浮誇，以及是否已提供充足的佐證。

問題二：太輕描淡寫

　　除了太浮誇的講師介紹，另一個問題就是太輕描淡寫，淡到彷彿在山裡守候了五百年，期盼某天有人迷路經過，點頭微笑示好。因為講師介紹只有寫姓名與職稱，頂多再加一個授課專長領域，短短十幾二十個字就交代完畢。

　　除非講師是一位大師級人物，光姓名就是一個知名品牌，例如張忠謀或唐鳳，你覺得還需要多講些什麼才知道這號人物嗎？對於大人物而言，簡介能加分，就算只有名字也不會扣分，對吧？但對於那些不那麼知名的講師來說，講師介紹是關鍵，必須給予足夠的資訊，讓受眾能夠快速了解。

　　講師介紹請注意表達的平衡，切勿太浮誇或太輕描淡寫。這兩大問題不犯，就先贏了一半。

屬於你的英雄旅程

英雄旅程是一種古老的戲劇敘事結構，廣泛應用於文學、電影和電視劇等媒體中。它描述了一個主角從普通生活中被召喚出發，經歷一系列的試煉和冒險，最終達到成長和轉變的過程。

講師有引導受眾走向成長之路的責任，幫助他們更有效地掌握與應用所學，解決生活與工作上的難題。一個出色的講師介紹，能夠激發受眾的信心，讓他們在學習的過程中，充滿動力和期待。

小結：讓受眾從心理上認同－你能幫助他

透過權威原理，讓受眾信任你；掌握社會認同原理，讓受眾更加信任你；運用喜好原理，讓受眾喜歡你。只要注意表達的平衡，就能透過講師介紹提升課程的吸引力，當我們把講師介結合英雄旅程的概念，就能激發學員對課程的信心。

為了幫助你學習，我整理了許多範例，它們來自我的、學員的、朋友的以及業界的。這些範例涉及各種不同類型的知識型產品，因為他們是共通的法則。當你用文字完整走過一輪，也等於走完一趟屬於你的英雄旅程，並且準備好帶領受眾也開啟屬於自己的英雄旅程。

如果你已經準備好面對這些的試煉，我們就出發吧！

第 **27** 課
旅程一：啟程

你有聽說過「冒牌者症候群」嗎？這是指一個人明明在特定領域累積了豐富的經驗、知識和技術，卻總覺得自己不夠優秀。

當一位講師被困於冒牌者症候群時，就可能會懷疑自己是否具備指導他人的資格，這種心理狀態常導致講師介紹內容寫得畏畏縮縮的，形成上一課提到太輕描淡寫的問題。

然而，每個人都希望了解課程的指導者是誰，因此無論你是否有冒牌者症候群，如果你想銷售自己的知識型產品，你就有責任提供相關資訊。

因此英雄旅程的第一步「啟程」，就是要「**勇於表達自我**」。這一堂課，我將和你分享講師介紹的三個版本，請你將勇氣也寫入文字裡。

設計獨立版本，以凸顯賣點

每個知識型產品能為受眾帶來不同的好處，講師介紹也要呼應課程好處，因此根據不同的課程，需要搭配不同版本的講師介紹。例如知識圖解教練艾咪在「社群圖文即戰力！用 PPT 高效打造質感知識圖卡」的講師介紹中，提到以下內容：

艾咪老師｜知識圖解教練、圖卡設計師

2020 年 2 月接觸知識圖卡後，開啟了精彩的圖解旅程，迄今已製作 30 多套閱讀圖解，產出近千張吸睛知識圖卡。擅於化繁為簡，透過視覺化呈現，讓知識變得易讀好懂，同時也把書讀薄。致力提升每個人的圖解力，找出屬於自己的內容萃取SOP，告別知識焦慮。期盼能當每個人在知識圖解旅途中的引路人，陪你從 0 到 1 產出圖卡，打造社群吸睛力。

透過這段講師介紹，吸引那些希望透過視覺化呈現來提升知識學習效果的族群，同時也吸引那些渴望解決知識焦慮並找到個人成長方向的受眾。

艾咪寫下了自己與對這堂課的使命，讓講師簡介更具渲染力，試圖引起潛在受眾的共鳴。而在其他的課程，艾咪則設計了截然不同的講師介紹，相關範例將在後文提及。

設計核心版本，以增減內容

當你開了幾堂課，累積了一定的經驗，你會知道哪些資訊是每一次都要介紹的，此時，建議你設計一個核心版本，用於搭配不同的知識型產品，只要根據不同的賣點進行內容增減就可以。以我的核心版為例：

你好，我是 Elton，我做過業務、曾任行銷，現在從事培訓。我是一名文字力教練，也是《文字力學院》的創辦人。我以文字力為主題，開設系列課程，並受邀講課，另有一對一教練培訓與線上顧問諮詢。2021 年於布克文化出版《鈔級文字》，本書榮登 2021 年博客來商業類前兩百大暢銷書。

以上表達的重點，我是一位值得信賴的講師。以此版本為核心，如果是用於促進銷售的課程，我就會再加入銷售成果與數據；如果是用於較為軟性、較具有創造力的課程，我就會再加入幾句感性的宣言。

設計通用版本，以省時省力

如果你對於專業領域的投入度很深、很廣，不妨統整出一個可以用途最廣的版本，讓它能通用於不同類型的知識型產品，而且不需要任何增減。

如果你已經設計了核心版本，那麼最省力做法，就是把核心版本也設計成通用版本。例如「心起點」創辦人史庭瑋的講師介紹如下：

史庭瑋 Mia｜關係療癒師。心起點有限公司創辦人，14 年來在心理與身心靈領域深耕，擅長關係修復、原生家庭療癒、心理諮詢、催眠、NLP、牌卡、天賦探索等領域，擁有心理諮詢領域的專業、80 幾套牌卡、30 種以上的人格探索工具、90 種以上的專業證照與證書，希望陪伴每個人看見最好的自己，活出真實幸福的人生，目前牌卡諮詢／心理諮詢／伴侶諮詢／原生家庭諮詢等各類諮詢人次 10000 人以上，帶領數百場以上的工作坊與課程。

這些表達重點都展示了史庭瑋在心理與身心靈領域的專業，透過數字化的呈現，提升了資訊的信任感。經過整合過後，簡介用於該領域的課程或服務都通用。

小結：根據需求設計不同講師介紹版本

勇於表達自我是旅程的起點，關於講師介紹你可以根據需求做三種版本設計，包含獨立版本、核心版本與通用版本。講師介紹與課程賣點、受眾好處有連動性，並不是資料放越多越好，而是讓受眾覺得教這門課程的非這位講師莫屬。

如果你不知道要在講師介紹中放哪些內容，下一堂課，我會告訴你先做什麼事情，如果你有做好價值提取，接下來我們要做的事情，對你而言應該不會太難。

第**28**課
旅程二：精煉

　　金鼎獎得主洪震宇認為，「想學好寫作，不是馬上學寫作技巧，而是先不寫作，先學思考」。所以，我們先按下暫停鍵，來思考一個問題：你知道你的課程能為學員帶來什麼好處嗎？這不是靈魂拷問，但它是很重要的提問。

　　以王敏華指導的「日本 Salonaise 烘焙協會 (JSA) 認證講師系列課程」為例：

　　我們的目的是希望能夠協助想在育兒或工作的同時，也能夠兼顧自己「愛好」及「專長」的女性們，因此我們提供以日後自家開課為目標的講師認證課程。

　　從這段文案中我們可以發現，王敏華透過「講師認證課程」，幫助「想在家育兒活工作兼顧自己愛好及專長的女性」達成「自家開課」的目標，這就是該課程能為受眾帶來的「好處」。

　　而講師介紹的任務，就是要和受眾能獲得的好處做連結。

我們要做的事情就是透過價值提取寫出段一段描述，代表課程能帶給受眾的好處，再透過精煉價值把前面的這段描述濃縮成一句話，讓我們更知道行銷溝通核心中的核心。

透過價值提取，寫出帶給受眾好處的一段描述

先複習關於價值提取的三個步驟：

找到自身專長與熱情的甜蜜點，接著界定目標受眾的輪廓與痛點，最後說明達成目標的過程與方法。

在撰寫知識型產品銷售文案之前，你應該已經清楚你的知識型產品將會「透過什麼方法幫助目標受眾達成特定目標」。這代表我們能確保知識型產品有提供足夠的價值，並且滿足目標受眾的需求。

我們要先定義清楚課程的「**受眾、方法、目標**」。

受眾要限縮到比較小的範圍；方法要具體可執行，而非一種神祕的儀式；目標則是受眾期待的成果，而且講師有能力且有信心能夠幫助受眾達成。講師介紹必須要與上述內容有所連結，讓受眾明白講師的資格，以及他們如何從中獲益。

請試著把以上思考結果寫成一段話，它不但是課程的核心概念，也可以幫助你更明確的知道講師介紹要放什麼內容，就是透過價值提取來思考課程帶給受眾的好處是什麼。為了幫助你理解，下面以《文字力學院》的「文字影響力」課程作為範例：

「文字影響力」這門課程幫助自由工作者，透過掌握人類本能反應與心理狀態，讓文字在對方內心產生變化，達成心理上的共識或衝擊，進而改變想法、採取行動。

我們來分析一下這段文字如何對應前面提及的元素。「幫助自由工作者」就是這門課程的目標受眾，「透過掌握人類本能反應與心理狀態，讓文字在對方內心產生變化，達成心理上的共識或衝擊」這是這門課程傳授的方法，「進而改變想法、採取行動」這是這門課程能幫助受眾達成的目標。

透過精煉價值，寫出行銷溝通核心的一句話

雖然價值提取能幫助課程定位，當我們把它運用於文案時，也能幫助受眾理解該課程。但我建議你把價值提取出的那一段描述，再精煉成一、兩句話，目的在於提煉價值，讓我們更知道行銷溝通核心中的核心在哪裡。

接續前面的例子，「文字影響力」課程價值提取的描述為「幫助自由工作者，透過掌握人類本能反應與心理狀態，讓文字在對方內心產生變化，達成心理上的共識或衝擊，進而改變想法、採取行動」，我把它再精煉過後的句子則是「拓展文字的影響力，涉及潛意識溝通的文字技術」。

價值提取與精煉價值，在知識型產品中扮演著重要的角色，它不僅關係到課程內容的規劃，同時也會影響講師介紹所使用的素材。當我們先提取價值再精煉價值之後，就能做好講師介紹的

資訊安排，只要挑選能證明核心價值的資訊上就夠了。

平衡抽象與具體，任何課程都難不倒你

然而上述做法對於某些類型的課程來說，情況可能會有所不同，因為無法寫得那麼聚焦、那麼具體。

由於這些課程的受眾相對廣泛，且課程教學方法較為特殊，因此在達成特定條件下，將能實現更多樣化的目標。身心靈領域的課程就是一個最明顯的例子，而我的某些課程也具備這樣的特色，儘管學員在課堂上的體驗非常好，但在表達課程內容的文案上，往往會比較抽象。

當遇到這種情況時，我的建議是將受眾定位於講師比較熟悉且有共鳴的群體，並將方法寫到連非同溫層都能理解，將目標設定為受眾最有可能實現的結果，或者是講師最有信心創造的效果。只需稍微調整文字，就能讓整體感受更加紮實，而不會讓人有一種虛無飄渺的感覺，同時對於行銷推廣也更有幫助。

舉個例子，「隱形文字力」課程的目標是希望幫助學員做到「打開，創作能量」這個結果，然而這件事情感覺比較抽象，所以我在內文進一步解釋為「設定理想結果，找到內在資源，打造啟動儀式，讓文字能量爆發」，這段描述在嘗試說明時，仍然保留了想像空間，但同時置入了關鍵詞來幫助理解。

其中「設定結果」與「找到內在資源」為 NLP 的概念。「設定結果」代表以終為始，透過經驗未來的結果以創造現在的

動力;「找到內在資源」代表發揮潛能,找到對應的感覺以獲得充足的能量;而「打造啟動儀式」則是相對具體的方法,透過某種具有象徵意義的步驟,結合上述兩點的設定,以達成「讓文字能量爆發」的目標。

至於有些人可能會想問,這類型的課程為什麼文案不能寫得具體?其實不是不能寫得具體,而是不能寫得過度具體。你得留下一些想像空間,因為當文字過度具體就會失去想像空間,失去想像空間會連帶減損課程帶給受眾的好處。

當我們能拿捏具體與抽象的平衡,該具體的時候具體,該抽象的時候抽象,任何知識型產品、任何寫法都再也難不倒你,就像小當家沒有做不出來的中華料理一樣。

小結:不是你哪裡好,而是對他哪裡好

講師介紹就是要和受眾能獲得的好處做連結。透過價值提取,寫出帶給受眾好處的一段描述;透過精煉價值,寫出行銷溝通核心的一句話。只要平衡抽象與具體,任何課程都難不倒你。

我們已經了解精煉價值與講師介紹之間的關聯性,接下來,就讓我們把「具體」的資訊放進講師介紹中吧!

第 29 課
旅程三：印象

　　幾年前，我曾經想要提升某個技能，當時看到某位講師以此主題開設了一門課程，他在社群上的貼文寫得十分有吸引力，連故事都寫得相當精彩。由於不論是課程內容還是文案介紹都深得我心，讓我燃起想要報名該課程的欲望。

　　雖然我對於該課程已有高度興趣，但我卻一再觀望，我發現有兩個因素影響了我採取行動的速度。第一個因素很直接，就是該課程的報名費較高，我需要多一點時間審視自身需求與課程價值之間的關聯。

　　第二因素就比較隱微了，而這個因素對我的影響其實更大，因為比這個課程報名費更高的課程我都付過，所以價格絕對不是最重要的因素。第二個因素就是我對該講師的印象不好，儘管我佩服他在該領域的深耕與研究，認同他的知識與技術，但是因為對於他的觀感不佳，於是我的手就像被綁住一樣，難以從皮夾中掏出信用卡。

最終，第二個因素影響了我的決定，我沒有報名該課程。

所以，在我們探討具體要放哪些資訊到講師介紹時，要先了解我們不僅要提供重要資訊，還要注意所傳達給受眾的印象，才不會因為傳達的印象不到位，連帶遏止了受眾的行動。

講師介紹的傳達印象分成兩種：第一種印象是受眾對於資訊的觀感是正面或負面，第二種印象則關係到受眾是否能夠滿足對自己的期待。這些印象將直接影響講師與受眾之間的連結，因此在講師介紹中，要做好印象管理讓受眾感受到足夠的價值，滿足他們對於學習和成長的期待。

首先，對講師的觀感屬於正向或負向？

所有文字的細節都會決定受眾對講師的觀感，除了可以立即聯想到的用字遣詞之外，也包含資格認證的表達方式。前者很好理解，就不舉例了，我們來談談後者。

比如雖然我學過 NLP（Neuro-Linguistic Programming），但我並不一定會特別強調，除了由於不是每個課程的主題都跟其相關，而且因為市面上有一些品質堪慮的 NLP 課程，或者將 NLP 應用在某些領域引起爭議，讓許多人對於 NLP 留下了負面印象。據我所知，很多講師都學習過 NLP，但並不是每個人都會說自己學過，就是這個原因。

儘管如此，學習 NLP 對我的幫助很大，我也將其融入到自己的知識技術體系中。好比「文字影響力」的課程教學，援引了

NLP 的概念和專有名詞，而本書內容中也提及了相關的知識。

在我的自我介紹中的表達方式，不只是縮寫 NLP，而是寫參與「NLP 專業執行師國際授證課程」，把課程全名寫出來的好處是讓閱讀感受更正式。也有人使用 NLP 的中文翻譯名稱，寫做「NLP 神經語言程式學」，或者寫認證資格名稱「NLP 專業執行師」，這兩種做法都能增加專業感。

至於我曾參與的另一門培訓課「AL 加速式學習法」（AL 是「Accelerated Learning」的簡稱）在培訓產業為人熟知，它是一門與國際接軌的培訓認證課程，由瓦利學習培訓大師蘇文華從美國引進臺灣，這個資格認證能幫助受眾了解講師具有一定程度的授課能力，我在受訓後也取得了「AL 加速式學習引導師」的資格。曾有一個線上課程平臺在介紹我的時候，就引用了這個頭銜。

留意你的研修課程與資格認證的表達方式，從細節做好印象管理，將能為講師與課程加分，提升受眾對你的信任感。

第二、受眾能否滿足對自己的期待？

每個人報名課程時，表面上是想解決問題，但內心深處是想成為更好的自己，不論面對什麼課程，受眾內心的渴望都存在，只是身心靈課程把內心深處的渴望搬到檯面上而已。

所以你要留意，你的講師介紹是否能讓受眾聯想到自己，是否能讓受眾覺得原來我也可以做到？是否能讓受眾相信他的專業

能力，以及他的內在使命？這些都是受眾對自己期待的投射。

關於受眾聯想到自己的印象，我們可以這樣理解。曾經和我們面臨一樣痛苦的平凡人，後來靠著努力與學習解決困難，往往能讓受眾感到更多的共鳴，因為我們會覺得「他懂我」！

關於講師專業與使命的印象，我們舉個例子：「幫助第一線的教育工作者活化教學，反思人生」，這段文字來自遊戲帶領專家莊越翔的自我介紹，它展示了講師在教育領域中的使命感，為教育領域帶來更積極的影響。

小結：創造共鳴與信任

所有的文字細節都會影響受眾對於講師的觀感，以及受眾對自己期待的投射。因此，講師介紹不僅是提供資訊，更是營造共鳴和信任的橋梁，使受眾能夠勇敢邁向成長的道路。

下一堂課，讓我們來探討如何透過適當的佐證，做好印象管理。

第 **30** 課
旅程四：佐證

　　講師介紹就是透過提出佐證，說明為什麼這位講師能教這門課程，同時做好印象管理。有的人資歷豐富，能列舉的項目非常多，但我們並不需要把所有資訊都鉅細靡遺的放上去。重點在於挑選跟該課程相關的內容，而且是能凸顯核心價值的資訊。最好是客觀事實，而非只有主觀認定，否則受眾看了眼花撩亂，又不能理解資訊與課程的關聯性時，對於增加信任感的幫助有限。

只放和課程主題有關的資歷

　　例如我在某門課程的講師介紹中，提到以下內容：

　　為了持續提升自我專業能力，同時讓學員的學習成效更好，每年我都安排進修課程，例如：2017 年參與「NLP 專業執行師國際授證課程」、2018 年參與「講師精進研修」、2019 年參與「B.E. 幫助教育計畫」、2020 年取得「AL 加速式學習認證」、2021 年進修「虛擬教室同步教學」。

儘管我的專業認證與研修課程不限於此，但我只列舉和課程內容與教學能力有關的資訊。好比過往我還參加過行銷企劃、客戶經營等各種商業課程的進修，疫情期間我還參與正念減壓的培訓，2023 年亦取得了「健康管理師」與「健康保健諮詢師」資格認證，但這些資歷如果和課程主題沒有關聯，就不需要特別放上去了。

　　你要賣的是 SEO 課程，那就寫和 SEO 相關的資歷；你要賣的是語言課程，那就寫和語言相關的證明；你要賣的是投資課程，那就寫關於投資的經驗。請不要寫什麼喜歡狗、正在養貓、最近打算養鳥之類的內容，除非你是寵物溝通師，或者要賣的是和寵物有關的知識型產品，不然提供這些資訊對於銷售並沒有幫助，只是浪費篇幅。

　　記得當你試著撰寫我們在第 27 課提到的「通用版本」時，請務必秉持這個原則，這樣設計出來的講師介紹才能真正「通用」。

▎讓大家認識你的十八個佐證資料

　　除了姓名一定要放之外，還有哪些資訊必須揭露，才能讓受眾認識這位講師，以凸顯課程價值？以下列舉十八個常見的佐證資料：

1. **學歷與學術背景**：講師所擁有的學位或學術背景。
2. **工作經歷**：講師在相關領域累積的工作經驗。

3. **專業資格認證**：講師所取得與該領域相關的專業資格、認證、證照或證書。

4. **專業研修**：講師參加與該領域相關的專業培訓課程、工作坊或研討會等。

5. **獲獎與榮譽**：講師獲得的特殊獎項、榮譽或肯定。

6. **出版品與論文**：講師出版的書籍與發表的研究論文。

7. **開課經歷**：講師累積的各種開課經歷、授課人數。

8. **演講紀錄**：講師的專題演講與 TED 演說紀錄等。

9. **專業協會成員資格**：講師是相關專業協會成員或幹部。

10. **專業評審**：講師參與的專業評審工作。

11. **學員評價與回饋**：學員對講師所授課程的正面評價、回饋和回響。

12. **成功案例與成果**：講師協助學員取得的具體成果和成功案例。

13. **專業合作夥伴**：與講師合作過的專業機構、公司或組織的合作夥伴關係。

14. **行業專家評論**：講師在相關行業中受到專家或權威人士的肯定和評論。

15. **團隊合作經驗**：講師在團隊合作項目中的角色和經驗。

16. **在線影響力**：講師在社群媒體上的影響力，包含訂閱數、追蹤者、好友數等。

17. **知名合作單位**：講師與知名單位合作的知識型產品。

18. **媒體報導與推薦**：媒體對講師的專訪、報導或推薦文章。

找到讓自己加分的佐證，凸顯核心價值

以下舉幾個例子，做為這堂課的「佐證」：

在我的簡介中提及「《鈔級文字》榮登博客來 2021 年商業類前兩百大暢銷書」，屬於個人出版品銷量，也等於是公正單位的背書。雖然出書無法直接帶來財富，但卻能為你贏得聲望。

在艾咪的「知識圖卡教練課」的講師介紹中提到以下內容：

「以暖心陪伴的方式，帶學員從 0 至 1 做知識圖卡，目前公開班學生累破百人；也開設進階課程，教大家做一本書的閱讀圖卡。今年度與女力學院，1 號課堂合作製圖」

這段描述搭配具體數字傳達了價值「以暖心陪伴的方式，帶學員從 0 至 1 做知識圖卡，目前公開班學生累破百人」，並揭示知名的合作單位「與女力學院，1 號課堂合作製圖」，讓受眾更有信心。

當講師知名度還不高，「知名合作單位」就是很大的加分條件了，因為它顯示了知名合作單位對這位講師的認可。

讓數字說話，什麼都用不怕

在客觀事實中，如果有數據佐證請千萬不要害羞，大膽的放上來吧！例如健身教練培訓講師查德，在《最強健身教練養成聖經》的作者簡介中提到：「培訓學員超過 600 位、五年近四百場俱樂部教育訓練、培育上百位年收破百萬教練」等等，都屬於

「成功案例與成果」，數字能讓佐證變得具體，說服力十足。

SoWork 創辦人 CJ 王俊人，在《數據為王》的作者簡介中說明經歷「近 16 年的生涯中，服務超過 100 個品牌，贏得國內外創意與成效的知名獎項，創業以來持續以投資千萬的數據經驗，為品牌塑造定位、達到成效。」包含了「成功案例與成果」與「獲獎與榮譽」等資訊，突出了他在數據行銷領域的成功，使受眾對其專業有一定程度的信任。

臺大教授葉丙成在《線上教學力》中的選編人簡介開頭是這麼寫的：「葉丙成教授。號丙紳，任教於臺大電機系，2014年開臺大教授創業風氣之先，創辦 PaGamO，使用者人數超過250 萬人，現為臺灣最大教育平臺之一。」這裡表達了葉教授令人驚豔的「在線影響力」。

一個數據勝過千言萬語，正所謂「**有數字，無懦夫**」。

▍如果有名人推薦或媒體報導，必放！

顧客與學員的見證，或名人推薦與媒體報導，如果放在講師介紹中，能大幅提升受眾的信賴感。最好的呈現方式為擷取最關鍵的一句話，例如頂尖培訓教練王永福福哥，在《線上教學的技術》這本書的作者介紹就提到以下內容：

多家上市公司主管課後極力推薦，評價為「上過最好的課程」、「一輩子絕不能錯過的好課」。《商業周刊》、《經理人雜誌》等媒體曾專訪報導，城邦媒體集團何飛鵬社長專欄稱他為

「追求完全比賽的職業選手」。

　　光看上述介紹，就算你過去不認識福哥，現在一定對也他充滿佩服與信任。我認為福哥寫的《教學的技術》這本書書名取錯了，因為福哥把所有必備的教學手法細節全部公開，根本是《教學的聖經》才對！

▍小結：能加分，就不要隱藏身分

　　找到讓自己加分的佐證，能節省行銷溝通的力氣。提供具體的數字、證據和實例，讓你能更快的抓住受眾的心。花些時間蒐集、整理並展示這些佐證，將會為你的努力帶來事半功倍的效果。

　　下一堂課，我們來認識一種最簡單的佐證，有時候只要它端出來，群眾就開始膜拜了。

第**31**課
旅程五：頭銜

以前我一直覺得頭銜是一種虛無飄渺的東西，光是別人叫我老師都讓我感到彆扭。但其實，頭銜是一種最快讓人認識你的捷徑，也是一種最簡單的佐證。

蘇珊・威辛克表示，「當群眾認同你是他們的領袖，他們就願意聽你的話，幫你做事」，而頭銜能代表你就是領袖，好比醫師、律師與會計師，他們的意見往往更容易受到重視。

現實生活中不難發現，就算他們發表的意見不是自己的專業領域，但我們的信任感仍然很高。好比某律師經常在臉書發表他對情感的見解，即便他的專業是法律而非情感，仍然吸引了八十五萬人追蹤。

就算你跟我以前一樣抗拒頭銜，但你要曉得，在某些市場中，頭銜就等於專業，頭銜就等於信賴。所以，這堂課，我們來好好談談頭銜吧！

頭銜能代表自身專長與特色

每位講師都應該擁有一個獨特的頭銜，用以代表自身的專長和特色，它是一種最簡單的佐證，同時能創造良好的印象。這個頭銜應該能夠清晰地傳達講師的專業領域，讓受眾能夠快速理解你的專長所在，進而對你產生信賴感。

《文字力學院》的講師群都有自己的頭銜，讓受眾能夠迅速了解我們各自的專業領域和特色，同時減少受眾的認知成本。

例如：我是「文字力教練」、黃于華是「溝通學教練」、艾咪是「知識圖解教練」、尋意是「實用心理學講師」、趙文霙是「國語文教育講師」、陳重諺是「知識工程師」。

每位講師有各自擅長的領域，清楚地界定自己的專業範疇，是信任的基礎。

頭銜與課程定位密切相關

頭銜的選擇與課程定位密切相關，能夠有效促進銷售。舉例來說，歐陽立中在「爆文寫作課」中以「爆文寫作教練」頭銜示人，表達他擅長撰寫能夠在社群網路上容易被分享的文章，吸引了超過三千人向他學習。

比起「寫作專家」這個頭銜，「爆文寫作教練」是不是更切合課程主題，也更吸引人呢？

頭銜對應不同教學內容

頭銜會對應不同的教學內容。以企業講師劉奕酉為例，他在不同領域的著作，對應著不同的簡介與稱號。他在《高勝算的本事》這本書被譽為「任何領域都勝出的一流自雇者」，在《高產出的本事》這本書被稱為「OUTPUT 達人」，而在《20 道資料視覺化難題》則是「簡報職人」。

以上這些稱呼，不只代表職業生涯定位的轉變，我們也必須了解，這意味著傳授不同領域的知識、技術，需要不同的資歷以及對應的稱號，如此才能讓受眾信服。好比當我們走進一家高級餐廳，你期待主廚擁有什麼樣的資歷？三十年的修車經驗，還是連續三年獲得米其林認證的廚藝呢？

頭銜是基於職稱或資格

頭銜常常是基於工作職位的職稱或來自專業認證資格，這些稱呼有助於建立品牌識別。舉例來說，陳韋丞擁有國際生涯發展諮詢師的認證，所以他的頭銜是「職涯規劃師」。

如果講師身為企業／品牌的創辦人，使用「企業／品牌＋創辦人」就是一個很好的頭銜。而陳韋丞又是心理取向職涯諮詢師培訓品牌「職游」的創辦人，因此介紹時也可以稱呼其為「職游創辦人」，這樣的頭銜不僅能清楚地表明他的專業身分，也能夠強化品牌形象和識別度。

頭銜來自讚譽或者自創

頭銜可以來自他人的讚譽，也可以由自己創造。九把刀曾稱讚許榮哲為「六年級世代最會說故事的人」，而他的另一個頭銜「華語首席故事教練」據說是他自己創造的，這些頭銜彰顯了他在說故事的專業，在市場上建立起獨特的地位。

頭銜設定得宜，不僅能減低認知成本，同時也有助於品牌識別和提升銷售。除了上述例子之外，我們再舉一個例子，像「好感度教練」就是一個令人印象深刻的稱號，維琪以此身分幫助學員練就好感度的金鐘罩，在職場中把握每一次創造好感的機會。

使用外號拉近彼此距離

除了正式的頭銜，使用外號也是一種拉近距離的方法，就像朋友之間常常以有趣的外號稱呼彼此，這種親密感能創造彼此之間的連結。而稱呼講師的外號，能使學員感受到，講師是一個與他們平等且易於交流的夥伴，同樣能增強與學員之間的連結。

例如，千萬講師謝文憲自稱「憲哥」，大家也喜歡這麼稱呼他；溫暖的余懷瑾因為學生暱稱她為「仙女」，爾後大家都叫她「仙女老師」；聲音教練羅鈞鴻因為生肖屬虎，所以被稱為「小虎老師」或「虎哥」；職涯顧問蕭景宇被稱為「小金魚」，這個諧音讓人覺得非常可愛，讓人好想養一隻（？）；國文老師張瑜玲則被稱為「Toco 老師」，因為這個外號和她的本名前兩個字的發音相似，恰好像章魚一樣活潑；泌尿科醫師詹皓凱自稱

「Dr.Bird」或「鳥博士」，嗯，很幽默，完全不用解釋。

藝名比本名紅

你知道「莊勝翔」是誰嗎？你可能沒聽過他，但「瓦基」你總認得了吧？我打賭你不知道「李天田」是誰，但講到「脫不花」你一定知道。有時候「藝名」甚至會比本名還為人熟知，尤其是在特定領域或圈子裡。

好比你可能不知道「林明璋」是誰，但只要你是樂於學習的人，八成都聽過「MJ 老師」；如果有提到「花芸曦」你可能得想一下，但如果提到「少女凱倫」，馬上就有印象；《為什麼他賣得比我好？》作者陳家妤，在講師圈以「Lulu 老師」稱呼為人熟知；而我的 NLP 老師則以 Sam、山姆王在 NLP、催眠圈走跳；如果想學習社群行銷，有些人可能不認識「賴銘堃」，但會找「阿咪老師」。

外號或藝名讓講師更貼近受眾，也可能更為人熟知，在受眾真正變成學員之前，就降低了心理防線。

小結：頭銜有助於品牌識別

頭銜要與課程定位密切相關，對應不同教學內容，它可能來自讚譽或者自創，或者使用外號拉近與學員之間距離。總之，設定一個適當的頭銜，將有助於受眾認知、品牌識別與促進銷售，在把知識型產品推出之前，可要好好想想它。

第 **32** 課
旅程六：宣言

「半神半聖亦半仙，全儒全道是全賢，腦中真書藏萬卷，掌握文武半邊天」，這是素還真每次登場時都會唸的一段臺詞。一段臺詞代表一個角色，呈現他的個性，說明他的中心思想、價值觀。

那麼，你有思考過你的「臺詞」是什麼嗎？我可不是說當你每次面對鏡頭或站上講臺時，都要像布袋戲角色一樣開始唸一段臺詞（什麼？你說你想這麼做！要確定捏），我指的是，你的中心思想是什麼。

一位講師的中心思想，能明確地讓受眾感受到講師的價值所在，創造正面觀感與滿足受眾的期待。我們可以從三個面向著手，名字、定位與使命，它們將可以幫助你發想，並且讓你的中心思想變得更有趣。

透過對名字的拆解，講師能在人們心中留下深刻的印象。明確的定位讓受眾知道講師所擅長的領域，而明確的使命則表達了

講師的熱情與承諾。這些元素都能夠讓講師的價值得以凸顯，贏得受眾的信任。我們一一來看：

一、從自己的名字著手，凸顯個人特質

透過拆解自己的名字來傳遞價值，是一種饒富趣味的作法，這樣不僅能吸引受眾的注意，還能在簡單的名字中傳達蘊含豐富的意義，引起受眾的興趣，並啟迪他們的思考，有助於和潛在受眾建立連結，同時突出個人的獨特性。以下舉三個例子：

- 尋意，尋找你的幸福如意。
- 黃于華，賦予你溝通的才華。
- 張忘形，期許自己能在人生各方面「忘其形，得其意，成其真」。

這些自我介紹運用了生動的語彙，將個人的名字與含義相結合，傳遞了特定的價值觀。

二、從自己的定位著手，傳達專業價值

定位就是客戶選擇你的理由，以及你希望他們記得你的形象。例如我經常在講師介紹中提到以下內容：「我是一名文字力教練，帶你學會運用文字的多元性發揮影響力」。

「文字力教練」是我的身分，告知受眾我不只是一名會傳授知識的講師，而是能夠引導學員提升能力的教練。同時解釋了當

文字力提升後，能創造「運用文字的多元性發揮影響」的結果，傳達我認為文字力的價值。

例如德派催眠雞尾酒療法創始人唐道德表示：「我給自己的定位是教育者，因為我相信，唯有教育與學習才是能改善也穩固所有身心整合的挑戰。」他自稱為教育者，帶來與眾不同的感受，這讓人覺得他對於催眠療法的角色定位不僅是一位治療師而已，同時也是一位能教導和啟迪他人的老師。

三、從自己的使命著手，宣示遠大目標

使命是一種為了達成某種目標形塑的價值觀。使命通常是基於一個共同的信念或願景，並指導行為和決策的方向。它可以激勵人們追求更高的目標，發揮個人或組織的潛能，並為社會或特定群體做出積極的影響。

《文字力學院》的使命是「用文字改寫你的人生」，因此我經常會這樣表達：「我期待透過分享，幫助每個人用文字改寫自己的人生」。這一段文字是描寫我的內在使命，不但時時提醒著自己，也給信任我的每一個人更多的信心。

職涯規劃師陳偉丞則鏗鏘有力的宣示：「我深信：每個人都有獨一無二的特質和人生！真心期待每個人都能發揮所長，熱愛自己的生活！」表達他對個人成長和自我實現的重視，並鼓勵人們積極探索和追求自己獨特的道路，給人一種積極、激勵和關注個人價值的感受。

寫下你的感性宣言吧

如果你希望把講師的好感度扎在受眾心上，在講師介紹的結尾處，不妨加入一句比較感性的宣言，而這段話源自你的內在使命，如果你的宣言與受眾對自己的期待一致，就能創造更好的印象。

由於客觀事實對於受眾而言非常重要，所以講師介紹的內容通常比較專業、理性一點。但是如果文字中充斥太多理性的訊息，對銷售而言是一道障礙，因為會促使受眾進行邏輯思考，而感受不到自己內心的渴望、期待與投射。

所以你要把課程價值、中心思想或內在使命帶給受眾，讓他看到、理解，感到有希望。具體的做法很簡單，就是在講師介紹的結尾處加入一句感性宣言。

例如當我在「核心版本」的自我介紹後加入一段感性宣言，會是這個樣子：

你好，我是 Elton，我做過業務、曾任行銷，現在從事培訓。我是一名文字力教練，也是《文字力學院》的創辦人。我以文字力為主題，開設系列課程，並受邀講課。另有一對一教練培訓與線上顧問諮詢。

2021 年於布克文化出版《鈔級文字》，本書榮登 2021 年博客來商業類前兩百大暢銷書。我期待透過分享，幫助每個人用文字改寫自己的人生。

前面描述幾乎都是理性客觀的事實，最後加入一段感性宣言

「我期待透過分享，幫助每個人用文字改寫自己的人生」，讓整段講師介紹多一點人味，也帶來多一份希望。

小結：名字、定位、使命

　　一位講師的中心思想能傳遞價值所在，以滿足受眾的期待。不妨從自己的名字著手，凸顯個人特質；從自己的定位著手，傳達專業價值；從自己的使命著手，宣示遠大目標。

　　現在就去寫好你的宣言。因為，等一下你就要粉墨登場了。

第 **33** 課
旅程七：登場

「哈囉，大家好，我是老高。」這是 YouTuber 老高在 YouTube 頻道《老高與小茉》的影片開場時，每一次都會説的一句話，用於和觀眾打招戶與自我介紹。

一開始聽到，我沒什麼特別的感覺，但由於老高每週三都會上片一次，於是我就每週三都聽一次，漸漸的，我發現當我只要聽到老高講這句話，竟不自覺期待他接下來要分享的內容。

從打招呼開始連結個人特質

在一個公開場合中，如果要自我介紹，我們也都會有禮貌的打招呼。形式改成文字也是一樣的，在介紹你是誰之前，不妨先打個招呼，和受眾開啟一場對話。像學員就發現我的起手式通常是「你好，我是 Elton……」，看到打招呼，就知道我要閃耀登場了。

打招呼的用語可以根據你的個性特質，以及想要呈現的感覺選定，我習慣採用較為情緒較為中性的「你好」，如果想呈現輕鬆的氛圍，可以用「Hi」或「Hey」這些是比較常見的。

如果你有屬於你自己的打招呼方式也很好，能讓你的登場變得更搶眼。打招呼的方式可以固定下來，因為長久下來就會變成個人特色的一部分了。

以下列舉一下，你看看這些文字是不是有聲音？

「嗨，我是薇老闆。」

「大家好，我是柴，大家好，我是鼠。」

「大家好，我是馬臉姊。」

「歡迎來到自說自話的總裁。」

「哈囉，我是卡哇，歡迎來到我的樂活存股頻道。」

更親密一點更拉近距離一點

「親愛的朋友，你好，我是劉軒」這是軒言文創創辦人劉軒在很多節目的開場白，在這段開場白中，稱呼受眾為「親愛的朋友」，再次拉近與受眾之間的距離，所以我們也可以在登場時對受眾更親密的喊話。

以黃筱懿的「『探索金錢焦慮‧超越恐懼』內在喜悅工作坊」講師介紹為例：

親愛的好朋友們，我是筱懿老師，我的工作是每天陪伴願意讓內在生活更有品質的朋友，深入解鎖心裡的各種疑難雜症。

黃筱懿用「親愛的好朋友們」開啟對話，讓我們感覺彷彿收到一封信一樣。

在這段自我介紹中，更快速切入受眾、方法與目標，受眾是「願意讓內在生活更有品質的朋友」，方法是「每天陪伴」，目標是「深入解鎖心裡的各種疑難雜症」，短短幾個字，就對黃筱懿有了良好印象。

你還可以再更限縮受眾範圍，甚至為他們取一個暱稱，例如詹大衛在自己的 YouTube 頻道開場白，稱呼觀眾為「狼群兄弟們」，這麼做的好處在於更有記憶點、特色更明顯，把受眾直接拉進一個小圈圈，認同感更強。

加速行文節奏直接粉墨登場

打招呼能拉近與受眾的距離，然而它並非必要條件，相反的，省略打招呼可以加快行文節奏，更快進入主題，以艾咪的「知識圖卡教練課」為例：

我是艾咪，是一名知識圖卡教練，也是一名講師，擅於將長文濃縮成圖卡，帶你化繁為簡，幫你把書讀薄，致力於手把手教你，將知識轉譯成好看且秒懂的圖卡，相信只要你會 PPT，你就做得出來。

小結：創造屬於你的粉墨登場儀式

　　講師登場有三個形式：**從打招呼開始連結個人特質**，為受眾取一個統一的暱稱以拉近距離，或者加速行文節奏直接粉墨登場。至於你要選擇哪一種方式，就看你希望帶給受眾什麼樣的感覺囉！

　　下一堂課，我們要帶著自己的故事，出發。

第**34**課
旅程八：蛻變

　　故事教練麗莎・克隆（Lisa Cron）指出：「讓人印象深刻的故事會迅速激發強烈的好奇心，使大腦內的神經傳導物質多巴胺大幅增加，進而產生愉悅感。」行為心理學專家蘇珊・威辛克則認為，故事的勸服效果比呈現數據資料還要好。

　　故事是最有勸服效果的元素，沒有之一，講師介紹也是勸服的重要環結，因此我們也能夠故事的形式來表達。在這一堂課，讓我們先來了解激勵人心的「英雄旅程」故事概念。

▍獲得蛻變的英雄旅程

　　英雄旅程是一種戲劇敘事結構，維基百科的定義是這麼說明的：「主軸圍繞在一個踏上冒險旅程的英雄，這個人物會在一個決定性的危機中贏得勝利，然後得到昇華，轉變或帶著戰利品歸返到原來的世界。」

這一堂課所提及英雄旅程，倒不是要你非得完整寫出英雄旅程中必備的八到十二個步驟，而是取其精神告訴受眾，過去的你在什麼領域上遇到什麼困難，你如何解決這些問題，你有什麼啟發，以及你為什麼要教這門課，你的內在使命是什麼，當你仔細思考過後，也能幫助你寫出更真實的宣言。

用你的故事回答受眾的靈魂拷問

雷·艾德華認為：「在向人推銷任何課程、諮詢服務、教學的時候，確實有三個問題，是他們一定會問的。這些問題分別是：這個人是否真的為自己達成了他描述的改變？這個人是否曾經成功幫助別人獲得他描述的成果？這個人是否有能力教我如何得到這些結果？」

不妨透過你的故事回答這三個問題。你現在擁有的能力不是憑空而降，而是實際遇到過困難，突破困境後得到的成長。讓受眾知道你是個努力的人，更重要的是，因為你是突破自我，讓人不會覺得那麼遙遠，也會讓受眾覺得，「如果我努力一點，如果我用對的方法，如果我跟這位老師學習，那我應該可以學會，我應該可以有所突破」，透過經驗分享，也能滿足受眾的期待。

從痛苦中昇華的成果

把英雄旅程的精神放在講師介紹中，是值得考慮的作法，例如我曾經這麼介紹我鑽研文字力的心路歷程：

回想起以往的工作經驗，我長期與文字為伍，卻發現在不同文體之間切換常常缺乏效率，且耗費心力，為了克服這個問題，我不斷深入研究文字，希望能發現一套通用的法則。

起初我以商業文案為主軸，但後來發現文字的想像不該只侷限於此，因此我結合過去行銷與業務經驗，融合心理學、腦科學、NLP、催眠等概念，並涉略更多元的文字題材和相關的創作理論。經過不斷融合、實踐與努力下，終於讓我領悟了一套以改變為前提的「文字力」架構，這套文字技術不但適用於多數文體，而且能更有效率的創造文字的影響力。

從這段分享中能看出我的堅持與用心，也提示過程中遭遇的困難，但在我的努力下，最終有所突破，並領悟出獨到的見解。

當我們寫故事，字數就會變多，但只要是目標受眾，就會看得津津有味。而字數安排牽涉到許多因素，關於這個問題，我們會專門寫一堂課來為大家講解。

從低谷到高峰的情節

許榮哲認為，凡是能引發「情感波動」的都是故事。從他對於故事的定義中，我們可以了解故事的重點在於「情緒」這個元素有沒有被彰顯。所以故事中的主角絕不是一帆風順，往往會有一段從低谷到高峰的情節。

班‧帕爾認為，「你的目標應該是盡量降低複雜度，這樣便能減輕目標對象的認知負荷，以確保他們將注意力放在你想要的

地方」，同時他也表示違反預期的情況會使我們提高注意力。

所以，我現在就提供一個更簡單的寫法，結合了上述兩種元素，既可以創造情緒波動，又能確保訊息清晰，只要幾句話就夠了。先舉個例子：

從面試小編被打槍，到開了一家行銷公司。

從上臺講話會結巴，到開實體課程滿意度九成！

第一行 19 個字，第二行 21 個字，兩行加起來只有 40 個字。這兩行在閱讀時的感受，是不是像上演了兩場極簡版的英雄旅程呢？這樣的寫法就是用幾件真實事件來鋪陳，先談壞事再說好事，讓事件從低谷到高峰，以創造戲劇張力。相較前文的範例，這樣寫法是不是簡單多了呢？

從低谷到高峰固然戲劇張力強大，不過倒不一定每次都得這麼寫，還有一個元素也很重要，甚至可以說是「英雄旅程」最重要的元素，就是「努力」的過程。

努力是重要元素

聽故事時，我們會因為主角的努力而動容，所以不要忘記表達你曾經多麼努力的過程。以頂尖名廚江振誠在《初心》的作者介紹為例：

會踏上料理這條路，其實只是美麗的意外。打從小時候媽媽精心為他準備便當，做菜就成為他心目中幸福的同義詞。他立志

成為一名廚師，當同學忙著玩樂，他跑到知名飯店的法國餐廳打工，把一天當兩天用。二十歲的時候，他成為臺灣餐飲史上最年輕的法國餐廳主廚。

江振誠這篇作者介紹，讓我們了解他踏上料理之路的初心故事，雖然沒有描寫受挫經歷，但寫出了他的努力。我們都喜歡努力的人，因為努力過的人都知道，所有的成功都是不容易的，所以只要能展現真實的努力，我們對於他人的成功就不會有忌妒之心，而是願意支持。

以上不論是從痛苦中昇華，從低谷到高峰，還是表達努力的過程，都顯示出所有成功絕非偶然，而你的任務就是要把這些不容易，留在受眾的心裡。

以前我也和你一樣

羅伯特・席爾尼迪認為，「我們喜歡與自己相似的人，不管相似之處是在觀點、個性、背景還是生活方式上，我們總有這樣的傾向」。當你發現另一個人與你有相似的經驗，將會快速增加對對方的好感，進而影響你的想法與行為。

好比如果這位講師過去也和你現在遇到一樣的問題，受眾就能得到一種被同理的感受。有種「啊！我的困難，他懂，他真的懂！」這樣的感覺。通常如果有較長的篇幅可以描述，不要只說現在多厲害，而是告知受眾講師經歷的磨難與面臨的痛苦，讓受眾對於努力過後帶來的成果更有感受。

如果你覺得，這我能理解呀，但操作上還是太複雜，這邊分享一個簡單粗暴的起手式關鍵句：「以前我也跟你一樣。」

例如：「什麼！你說你魯蛇？我以前也跟你一樣。什麼！你說你很窮？我以前也跟你一樣。什麼！你說你文筆不好？我以前也跟你一樣。什麼？你說你小楊桃偏偏注定要肉腳，哦！對不起，我沒有跟你一樣。」

用事實組合的故事

「只要有正統的權威說了話，其他本來應該考慮的事情，就變得不相關了。」羅伯特・席爾尼迪在論及權威時如此表示，換句話說，展現權威能減少說服成本。

而我認為展現權威，甚至對於高知識分子與菁英分子更為重要，因為菁英會尋求比自己更菁英的典範學習。

所以如果是賣給高知識分子或自菁英分子的課程，英雄旅程的概念就沒必要太過堅持。一旦談論太多辛苦與挫敗，反而讓他們覺得這傢伙遇到一點小困難還要花這麼多功夫？弱、太弱了！

所以與其被質疑，不如只寫最厲害的頭銜、經歷與證照等客觀事實就好，其他大可省略。

如果你覺得這樣太武斷了，我們也可以用事實與成果組合成一段講師介紹，創造正向的情緒波動，也不會讓挫折經歷減損了講師的威嚴。例如：

我曾用一篇銷售文創造時薪六十萬收入；在臉書六天發五篇貼文獲得三十九萬收入；透過純文字電子報推廣課程累計賣出超過百萬；用廣告文案銷售一門線上課程共計賣出超過八百套，雖然這些並不是多麼厲害的成就，但在不同的平臺上做到文字變現，也累積了一點經驗。

以上成果都是靠我一個人獨立完成，並沒有依靠任何知名品牌與合作夥伴以及異業結盟，而且行銷溝通上皆以文字為主軸，不強調視覺設計，也從未透過影片行銷。所以我才不斷強調，運用文字的多元性發揮影響力，透過文字改寫自己的人生。

小結：成為眾人的英雄，靠故事

故事是最有勸服效果的元素，透過英雄旅程的概念，讓你的故事與受眾連結。撰寫時成果要從痛苦中昇華，情節要從低谷到高峰，同時要記得努力是重要元素。

下一堂課，我們要來討論，在講師介紹中你想成為哪一種的角色，有兩個選項。

第 **35** 課
旅程九：角色

　　第一人稱主觀，第三人稱客觀，關於講師介紹，要用哪一人稱比較好？第一人稱就像是面對面跟受眾講話，好比我們看到漫畫中的角色直接和讀者說話一樣，容易創造共鳴；第三人稱就像是透過主持人介紹出場，較不帶感情。

　　如果你是講師，並且自己銷售自己的知識型產品，使用第一人稱介紹自己是一個很好的選擇。透過使用「我」和「你」來與受眾建立面對面的對話，可以增加親切感和共鳴。

　　但如果你是新進講師，又希望增加權威性，那麼使用第三人稱客觀的方式可能更合適。透過以客觀的角度介紹自己，可以營造出一種距離感，藉此增加權威感。

　　通常如果講師介紹是在獨立出的區塊，會使用第三人稱，比如將講師介紹放在文末，以避免擾亂整篇行文節奏，也避免讓第三人稱的介紹讓受眾出戲。

　　又例如活動網站 ACCUPASS 每個活動都有一個欄位可以做

講師介紹，這個欄位也適合用第三人稱介紹。以下分別舉例：

用第一人稱，營造親切感

第一人稱較為主觀，能表達親切感，創造情感共鳴，可連貫內文，適用於人物登場。以陳佳君的「讓你花十分鐘就美到不一樣彩妝課」講師介紹為例：

我是 Vivi，六年前創業成立 Vivi Chen Stylist 造型工作室，我在 Lily Belle 莉莉貝兒手工婚紗擔任造型總監，致力發展海外婚紗、婚禮造型及教學，目前各大五星級度假飯店──特約婚紗、婚禮造型師。擅長新娘彩妝造型、商業彩妝造型、個人彩妝造型教學、韓式半永久紋繡、睫毛毛流矯等技術。

陳佳君用英文名字自稱 Vivi，是和顧客直接稱呼她的英文名字的習慣有關。這段講師簡介有過去經驗，也有擅長技術，而且創立造型工作室已六年，讀完以上資歷，受眾馬上就對 Vivi 老師的信任感提升。

用第三人稱，展現權威感

第三人稱較為客觀，以中立的角度展示資歷，能呈現專業感與權威感，具有公正性，適用於獨立的區塊。我們可以帶領受眾進入時光隧道，或者為受眾植入荷魯斯之眼。

時光隧道

用時間排序，讓受眾看見講師的成長歷程，彷彿走進了時光隧道。以艾咪的「艾咪老師從 0 到 1 陪你做好看的知識圖卡線上教學」講師介紹為例：

艾咪｜知識圖卡教練

／圖卡旅程／

- 2020.02 知識圖卡學習 start
- 2020.08 如何閱讀一本書閱讀書卡轉分享破百，粉絲人數瞬間翻倍
- 2020.12 知識圖卡公開班首發登場

／圖卡作品／

16 套：閱讀書卡 2020.05 至今

500+ 張：知識圖卡截至 2020 年底

1 張：知識地圖（Xmid 製作）

這篇講師介紹除了使用條列式以外，圖卡旅程用時間排序，讓受眾看見艾咪老師的成長。圖卡作品結合數量與時間，以客觀資料呈現專業感。以上內容都因為加入時間元素，在靜態資料中產生動態感受。

荷魯斯之眼

「荷魯斯之眼」來自於埃及神話，代表全能全知之眼，整合講師最重要的學經歷背景，一覽無遺。以道石國際系統排列學院

創辦人周鼎文的介紹為例：

周鼎文（Netra Chou）

國際知名系統排列導師，將系統排列引進華人世界的第一人，曾任亞洲系統排列大會主席，創辦臺灣海寧格機構、道石國際系統排列學院（TAOS），經常受邀……，在海峽兩岸……，協助人們面對瓶頸，重新找到創意發展與解決之道。著有……

這篇介紹摘錄自《家族系統排列》這本書，以第三人稱建立權威感，把資歷背景著作完整介紹。整段描述做簡介，避免閱讀時的中斷感，文中並特別提及「協助人們面對瓶頸，重新找到創意發展與解決之道」作為說明提供價值的方法。其中「創意」兩字實為周鼎文所長，他擅長用極具創意的方式帶領課程，讓課程處處充滿驚喜。

小結：人稱選擇，與閱讀感受有關

關於人稱的選擇，跟閱讀時感受有關，你想營造親切感就用第一人稱，並穿插於文案中；如果你想強化專業感與建立權威感就用第三人稱，可以放在文末尾自成獨立區塊。

下一堂課，我們來認真研究講師介紹的「字數」到底要多少。

第 36 課
旅程十：字數

　　這段旅程我們已經來到了尾聲，但關於講師介紹的字數我們還有沒討論。有人寫多，有人寫少，究竟怎麼做才好，有沒有標準可參考呢？

　　關於講師介紹的字數，受到三個主要因素的交互影響：第一是**課程價格**，第二是**講師名氣**，第三是**文案篇幅**，我們必須綜合考量這三個因素，才能決定講師簡介的適當字數，且聽我娓娓道來。

課程價格越高字越多

　　所謂「價格」的判斷標準，要比較市面上同質或類似的課程。如果與業界相比，課程價格售價較低，講師介紹字數可以少一點，因為受眾不需要太多資訊就能做決策，也沒那麼多的耐心閱讀。

但如果課程售價較高，講師介紹的字數就需要多一點，因為受眾需要更多資訊來判斷，報名這門課是否值得，也會更有耐心閱讀講師介紹。因此，在設計講師介紹時，應該根據課程的價格來適度調整字數，以提供適合的資訊給予受眾。

以《文字力學院》的課程為例，「字遊主義讀書會」的報名費較低，因此六位講師的自我介紹都控制在 100 字以內。儘管字數有限，但每位講師的介紹都加入了個人宣言，以展示他們的核心價值觀。

例如，國語文教育講師趙文霽的宣言是「用文字感受世界，用聲音傳遞想念」。它凸顯了文字與聲音在傳遞訊息和情感方面的獨特，藉以創造人與人之間緊密連結。

然而另一門課程的報名費用較高，因此在某個版本的講師簡介字數高達 687 字，幾乎就是一整段文案了，它分成三個段落描述（括號內為對照知識變現的英雄旅程之重點），節錄如下：

基本資料（啟程、登場、角色、頭銜與宣言）：

你好，我是 Elton，我做過業務、當過行銷，現在從事培訓。我是一名文字力教練，帶你運用文字的多元性發揮影響力⋯⋯

專業認證（佐證與印象）：

2017 年參與「NLP 專業執行師國際授證課程」、2018 年參與「講師精進研修」、2019 年參與「B.E. 幫助教育計畫」、2020 年取得「AL 加速式學習認證」、2021 年進修「虛擬教室

同步教學」……

初心故事（蛻變）：

　　回想起以往的工作經驗，我長期與文字為伍，卻發現在不同文體之間切換常常缺乏效率，且耗費心力。為了克服這個問題，我不斷深入研究文字，希望能發現一套通用的法則……

　　之前帶你踏上的所有旅程，在這一刻全部都接上囉。

▍講師名氣越大字越少

　　在考量講師介紹的字數時，「名氣」成為了一個重要的判斷標準，即受眾是否熟悉該講師。若講師的名氣廣為人知，講師介紹可以較為簡潔，因為講師的名字本身已具有品牌效應。然而，若講師的名氣相對較小，講師介紹的字數最好增加一些，以便受眾透過講師的特色判斷課程優劣。

　　值得注意的是，判斷名氣的基準在於受眾的認知，如果在某些領域或場合，這位講師的名氣大，講師介紹簡單寫一下就可以；但如果到另一個領域或場合，受眾對於這位講師並不熟悉，講師簡介最好能多增加一些資訊。

　　因此，我們不應假設講師在企業內訓中很有名，在大眾市場上就不需詳細介紹，至少最重要的資歷仍應予以交代，因為並非每個人都認識講師。

　　莊越翔在學校頗負盛名，他授課帶領遊戲的魅力，對於學

校老師與學生而言，已經是刻在心底的名字，他不用自我介紹，課程就已經邀約不斷，但是他在《注意力教學院》網站的講師介紹，並沒有因此荒廢，節錄如下：

我是莊越翔，是一名遊戲帶領專家、教學魔術師、高關懷同行者、校園演說家，2015 ～ 2021 連續七年演講超過 150 場，演講人次累計 12 萬人，1200 場演講，遍及臺灣大專院校國、高中。

這些年來，致力於教學活動設計、透過體驗活動引導反思，擅長引起動機、視覺隱喻、抓住學生注意力。開辦延伸活動設計公開班，16 種主題的教學活動設計，幫助第一線的教育工作者活化教學，反思人生。

儘管在特定領域已經擁有高知名度，但也要思考是否會觸及到更多不同的受眾，在資訊與字數上做調整才是聰明的作法。

文案篇幅越長字越多

「篇幅」指的是在知識型產品銷售文案中所能包容的字數，其長短與課程類型和表達方式有關。

若該課程類型為受眾所熟知，則講師介紹的篇幅可以較短，因為受眾能夠在較少的說明下理解內容；然而，若該課程類型對受眾不太熟悉，則講師介紹的篇幅就需要更長，以提供更多內容來進行溝通。

至於表達方式，則取決於銷售頁面的主要呈現形式。若以圖

片為主，因為有視覺輔助，講師介紹的篇幅可以較短；若以文字為主，因為缺乏視覺支援，講師介紹的篇幅就需要較長。

在確定了課程類型和表達方式後，我們便能了解到這篇文案的篇幅長短，接著才能討論講師介紹的字數。若篇幅較長，講師介紹的字數自然可以多一些；反之，若篇幅較短，講師介紹就不宜冗長。這樣能確保整篇文字在閱讀時能保持舒適度和平衡感。

若未注意此點，可能會出現明明篇幅很長，但講師介紹卻寥寥無幾，使人有種講師不重要的錯覺；或者明明篇幅很短，講師介紹卻占了大部分，讓人總有種說不出的怪異感。

小結：字數，與行銷難易度有關

關於「**價格、名氣、篇幅**」對講師介紹字數的影響，主要跟行銷難易度以及閱讀舒適度有關，請綜合評估以上資訊，再來判斷你需要多少字數。當你完成了知識型產品銷售文案後，再從受眾角度的閱讀感受去調整講師介紹的字數。

知識變現的英雄旅程已經接近尾聲，在走入最後一道旅程之前，容許我先問你一個問題，這個問題牽涉了你對成果的期待以及對自己的期許，這個問題就是：

你希望提升第一次看到就買單的機率嗎？

第六篇

化問題為助力

第 **37** 課
就算不是剛需產品，
也能第一次看到就買單？

　　大谷翔平是一位日本籍的雙刀流棒球員，他剛加入大聯盟天使隊時，美國記者帕桑（Jeff Passan）認為他能力普通，在大聯盟不可能有優秀的表現，直言「他只是個高中生」。

　　結果沒想到大谷翔平馬上狠狠的打臉了這位記者，他不但表現傑出，而且傑出到光看團隊數據，還以為天使隊是一人球隊，因為不論投打表現，幾乎所有表現排名第一的都是大谷翔平。由於他屢創驚奇，球迷每天都在期待投手大谷與打者翔平能夠聯手繼續刷新紀錄。

　　而先前批評大谷翔平的記者帕桑後來看到他的優異表現後，不只二度道歉，甚至忍不住在推特上發文讚嘆「大谷正在達成前無古人的輝煌成就」。

　　很多時候，我們沒看過的事，或者覺得難度太高的事，不代

表這件事就不可能發生。以前我們都覺得棒球漫畫畫得太誇張，自從大谷翔平出現在大聯盟以後，大家才知道原來漫畫只是畫得剛剛好而已。

之前有位知名的文案老師，在社群平臺上發文聲稱沒有什麼第一次看到就買單的文案，我看到後並未反駁，一來我跟他不熟，不便評論他的觀點，二來我知道在品牌行銷的領域，快速成交確實不是重點，或許正是過往的經驗，侷限了他對文案的想像。

想想看，第一次看到就買單的情況真的那麼難嗎？其實也不難吧，先說我可不是要你把文案寫得像詐騙集團一樣毫無底線。

我指的是，當一個商品正好滿足你迫切的需求，而且剛好你對價格也不是太敏感時，購買的決心很有可能在一瞬間就形成。在這種情況下，你可能毫不猶豫地下單，並且不會在乎是否需要再次考慮。

確實，對於消費型產品來說，在滿足一些特定條件的情況下，成交並不困難，如果是剛需產品那就更容易了。然而，當我們將焦點轉移到知識型產品時，挑戰的難度就大幅提升。這樣說你可能沒感覺，我舉幾個例子來解釋。

你可以不上課，但你不能不用衛生紙（某個 YouTuber 除外）；你可以不上課，但你不能不吃東西（某個印度苦行僧除外）；你可以不上課，但你不能不吹冷氣（一些環保人士除外）。

因此，前面的 36 堂課就是要教你如何縝密的布局文字，讓你的文字具有讓受眾第一次看到就買單的魔力。儘管，達到這樣的效果並非百分之百保證，因為影響決策的因素太多了，但不代表這件事情不可能發生。

　　簡單來說，越符合市場需求、能提供價值的課程，越容易貼近這個目標；而較低價格的課程也會降低門檻，因為購買的決策更簡單，很容易就手滑。但我相信，只要你能學會我所教授的所有方法，即使是價格破萬的課程，也有實現第一次看到就買單的機會。

　　有位學員在網路上看到某個開課單位為我舉辦的一場講座，礙於時間因素無法參加，當時他遭遇了些許工作上的瓶頸，渴望能提升自己的能力，於是他透過 Google 找到我的網站，很快就受到某個課程銷售頁的吸引。

　　當時的文案版本高達 7,000 字，但他卻把所有文字都閱讀了一遍。隨後，他立即加入《文字力學院》的 LINE 官方帳號，並且提出一些問題，在我確認他上課的需求以及意願以後，他也果斷的報名了由我一對一指導的私人總裁班課程，並迅速付款。

　　上完第一門課之後，他還報名了為期兩天一夜的團體課程，而他所選擇的這兩門課程，都是定價三萬元以上的高價課程。而我在所有過程中，沒有投入一絲一毫的廣告費。

　　值得一提的是，這兩門課程並非完全符合市場需求的課程，而是屬於比較小眾的課程。即使如此，學員仍能在第一次接觸

文字後立刻付費報名，這顯示了一篇好的知識型產品銷售文案的影響力。

　　接下來，我即將和你分享的內容，能夠進一步提升成交機率。它的功能在於讓受眾閱讀文案後，把所有疑慮排除，同時增強立刻行動的信心，提升第一次看到就買單的可能。

第 **38** 課
如何化問題為助力

　　每個人在決定付費前，心裡或多或少都會產生一些疑慮或者疑問，常見的疑慮像是買貴或者買錯。因為受眾對教學規劃不清楚，所以怕買錯；因為對課程內容沒信心，所以怕買貴。

　　而疑問則和實際參與課程本身有關，例如：「如果缺課可以拿到結業證書嗎？」（以下為了行文方便，當同時指稱疑慮和疑問時，簡稱為「問題」）。

　　理論上，只要能在文案中預先解決受眾所有的問題，那麼受眾就有很高的機率第一次看到就買單，因此撰寫文案不只是專注在文案表達技巧本身，更要分析並預判受眾的心理與感受，這樣才能將所有的問題一網打盡。

　　撰寫文案就像是為一個假想的迷宮設計解謎線索。假設受眾在這個迷宮中，他們帶著問題一步步前進，而我們的目標是提供他們所需要的指引，使他們能夠輕鬆順利地走出迷宮。

　　這些問題像是：這門課程適合什麼人、為什麼我需要上這門

課、在這門課中我會學到什麼等等，然後巧妙地將這些答案融入文案中，讓受眾在閱讀的過程中逐漸解開疑惑。

然而還是會有一些細微末節的問題沒辦法好好說明，例如問：為什麼老師這麼帥（咳⋯⋯）？這個時候，我們就可以增加一個Ｑ＆Ａ的篇幅來回答受眾的問題，既不會影響行文節奏，也更能夠完整回覆，而且還能減少客服工作。（答：帥只是一個字，卻跟了老師一輩子⋯⋯）

至於如何化問題為助力，其實就兩大重點，減少疑慮，增加信心。講完了，下課！

等等，先回來，你還沒付錢呢！

為了讓你掌握核心，我們先解一個概念，減少疑慮和增加信心只為了一件事情。

約拿・博格表示：「在人們心中，不確定的事情會貶值，這種現象叫做『不確定稅』。」如果在受眾心中充滿著各種不確定，就等於讓行動按下了暫停鍵。

如果我們沒有事先把問題解決，就等同於讓受眾繳了不確定稅，減少了立即行動的可能。如果每一次不確定，就少一次訂單，那是多麼令人擔憂的一件事情。

換句話說，「減少疑慮」和「增加信心」的核心目標，是提升受眾的「**確定感**」。

我們可以將「減少疑慮」和「增加信心」比喻成建立一座堅固的橋梁，讓受眾能夠安心地穿越知識的鴻溝。當受眾在跨越橋

梁的過程中，每一個疑慮被解決、每一個問題被回答，他們將感受到越來越大的確定感，就像是踏實地走在一條堅固的橋上，不用擔心墜落的危險。

最終，當他們抵達另一端，他們已經克服了所有問題，增加了對知識型產品的信心，使其在第一次接觸時就產生購買意願。

至於具體該怎麼做，下一堂課起，我將告訴你化問題為助力的四大攻略，每一堂課都會不斷提升你的確定感。

第**39**課
攻略一：解決問題

　　你有沒有這樣的經驗，當你正要購買某樣商品時，明明銷售頁上的說明已經寫得很清楚了，但你心中還是有些不確定感，於是你繼續尋找線索，看看能否在銷售頁上找到更多的答案。最後，你看到了Ｑ＆Ａ中再次回答了你的問題，很奇怪的是，雖然你早就知道答案，但是當你再次看到相同的回答時（或者換句話說時），才真正感到安心。

　　這一堂課「解決問題」很簡單，我們要回答的問題是文案中沒有說清楚的地方，或者雖然可能文案中已提及，但是由於受眾總是不斷的詢問，所以特別在Ｑ＆Ａ再說明一次。讓受眾安心，再說一次，也沒關係。

　　這部分的問題往往來自於行銷一段時間後，受眾所提出的問題。當他們有這些問題，代表對課程有高度興趣，所以請耐著性子回答，更何況，你只需要寫一次就好。

　　以下蒐集了這類型的各種問題，並且分成三個面向。

錯過，也不用擔心

關於「錯過」而產生的問題，例如錯過上課時間、錯過報名時間、錯過加入時間等。以下列舉三組問答，都是《文字力學院》的範例：

Q：請問如果缺課可以補課嗎？

A：由於本課程為「線上同步教學」的直播課程，非預錄課程，課程進行中也不會錄影，所以無法提供錄影回放，但是未來只要有開課都可以免費「複訓」，讓您有機會補課，也可以學習最新的教學內容。

Q：如果沒辦法準時參與怎麼辦？

A：可看錄影回放。本活動採線上直播，能讓每個人即時參與互動，而非冰冷的預錄影片，但如果不能準時參與也不用擔心，因為本活動提供每場錄影回放，在《文字力學院》營運期間可永久收視。

Q：如果沒有在一開始加入，現在還可以加入嗎？

A：可以，你唯一錯過的是即時互動的直播活動，但卻不會錯過精彩的學習內容，因為所有活動與課程都有錄影回放，在《文字力學院》營運期間可永久收視。

透過這些回答，我們希望消除受眾對於錯過的擔心，並提供他們多種方式來補足所錯過的學習內容。無論是複訓、觀看錄影回放，參與者都能獲得完整的學習體驗，確保他們對知識型產品的價值有更大的確定感。

提示一個文字表達的小技巧，如果希望提升受眾的確定感，盡量先說結論，再補充相關說明。

課程，要如何開始

關於如何「開始」學習的問題，通常和課程如何進行與課程在哪裡進行有關，以下列舉兩個問答作為範例，前兩個擷取自「艾咪老師知識圖卡教練課」的課程文案，第三個是「字遊主義讀書會」：

Q：請問報名後可以立即上課嗎？上課的時間怎麼約呢？

A：因講師須了解您的需求及備課，報名之後不會立即安排上課。若您是報名 1v1 私人專班，收到報名後當週，會與您約定上課日期和時間，下一週會先進行課前 20min 諮詢，以及講師針對需求微調教學內容，最快報名後二週開始上課；若您是報名 1v2 以上人數的包班，請主揪者先發送 mail 約定好授課日期，同時會提供問卷填寫做課前 20min 諮詢，同樣最快也是報名後二週開始上課。

Q：請問授課的地點與形式是？

A：雙北地區可約線下，地點將由講師指定租借的教室空間；雙北地區以外的，以線上教學為原則，若需面對面教學，須為高鐵可抵達之城市，且報名者需全額支付講師高鐵費及抵達後相關之交通車馬費。

Q：請問參加前要先讀過書後才能參加嗎？

A：不用。參加「字遊主義讀書會」前，有沒有事先讀完書籍內容都不影響參與狀態，但所有書籍都是 Elton 推薦必讀必買的書單。

透過這些回答，受眾能更清楚地了解開始參與課程的流程，艾咪提供了詳細的說明。例如在第二個問答中，說明如果選擇線下教學，地點必須是高鐵可抵達的城市，同時報名者需全額支付相關交通費用。如此一來，能讓受眾更加清楚地了解相關規定，更加篤定地開啟他們的學習之旅。

內容，到底差哪裡

關於內容「差異」的問題，不同版本、不同課程、不同應用之間的差異，需要詳加說明。以下列舉四組問答作為範例，前三組是《文字力學院》的範例，最後一組是擷取自尋意的「倍速學習」課程文案：

Q：請問「文字影響力」課程「錄影版」和「線上版（直播版）」的差別在哪？

A：「文字影響力」是涉及潛意識溝通的文字技術，這兩個版本最大的差別在於學習難度。「線上版（直播版）」保留完整知識體系，應用較廣，但難度較高；「錄影版」則擷取精華，刪除較為抽象的概念，所以難度較低。如果用星級來標示難易度，「線上版（直播版）」難度為五顆星，「錄影版」的難度則為三點五顆星。

Q：為什麼「字遊主義讀書會」的書單要分成「主題書籍」與「延伸書單」？

A：建構知識體系。在同一主題設定下，透過主題書籍的深度學習，再加上延伸書單的廣泛涉略，就能用四本好書的內容，建構起該主題的知識體系。感受一下，只學習一本書的內容與建構知識體系兩者相比，你覺得哪一個對你比較有利？

Q：網路無國界，請問「鈔級文字力」的教學原則是否適用於中文之外？

A：所有原則適用，但使用文字的細節將會略有不同，好比閱讀翻譯書，在應用書中的技巧時，要轉換成當地語言，並考量風土民情，文字才能接地氣。

Q：倍速學習與速讀有什麼不同？

A：倍速學習的範疇比速讀大非常多。具體來說，倍速學習有項重要內容，叫做影像閱讀。而影像閱讀，其中有一、兩個地方，會用到速讀某些小技巧。大概就像臺灣是亞洲的一部分，而亞洲是整個地球一部分，那樣類比的概念。到時當場帶著大家做，這些速讀小技巧保證五分鐘就會了。影像閱讀是透過心理學、最新學習理論、以及「潛意識」來幫助我們學習的好東西，威力強大。

透過這些回答，受眾能更清楚地了解不同版本、不同課程、不同應用、不同概念之間的差異。當我們提供更完整的資訊，當讓受眾了解彼此差異後，因為提升了確定感，所以就能做出更明智的選擇。

小結：解決受眾提出的問題

這堂課的問答攻略涵蓋了三個面向：

關於「**錯過**」產生的問題，包括錯過上課時間、錯過報名時間、錯過加入時間等。同時也解答了關於如何「**開始**」學習的問題，這常常與課程的進行方式和學習地點有關。

而在內容「**差異**」的問題上，提供了不同版本、不同課程、不同應用之間的差異解釋。只要說明清楚，就能提升受眾心中的確定感，手開始變滑。

下一堂課的學習，將保護你不會發生類似「白飯事件」的慘劇。

第40課
攻略二：告知義務

前陣子在臺灣新聞上鬧得沸沸揚揚的「白飯事件」，是一起發生在熱炒店因為免費白飯供應不足，讓學生不滿引發的消費糾紛事件，由於雙方認知上的差異，最後搞到兩敗俱傷，學生招致千夫所指，熱炒店也關門大吉，得不償失。

我無意評論對錯，但是讓我們試想一個情境，如果這家熱炒店一開始就在牆上張貼「免費白飯供應」的「規則」，例如聲明白飯免費供應，但晚上幾點後不再補飯，或者每天免費供應幾桶，但這幾桶吃完之後不補，同時在消費者點餐時也同樣告知這些規定，這起消費糾紛事件很可能根本不會發生。

透過這個例子來說明「告知義務」的重要性，因為它不僅和受眾自身權益相關，是他們可能會關心的問題，當沒有明確告知規範時，也可能是消費糾紛的來源。

所以，即使問題瑣碎，也應該好好回答，這是保障消費者權益，也是保護你自己。

以下列舉三種告知義務的情境。

時間，走到哪了

關於行政「進度」的問題，例如觀看時限與上架時間等。例如：

Q：問線上課程可以觀看多久？

A：本課程於平臺營運期間永久收看，現在購買享優惠而且未來不用再加價。

Q：請問解鎖任務的單元或文章什麼時候可以看到？

A：解鎖任務在課程上架後就會停止統計，而解鎖成功的單元或文章，預計在七月中完成。

讓受眾安心是最重要的事，他們能在這些資訊的指引下，好好規劃學習進度，以及思考是否購買。

權益，要怎麼換

關於顧客「權益」的問題，對於受眾而言，確定報名成功、優惠碼的操作說明以及退款政策都是重要的事項。以下列舉三組問答作為範例，第一個擷取自艾咪的課程文案，後面兩個來自《文字力學院》：

Q：請問我要如何知道我有報名成功？

A：報名成功之定義為：填報名表單＋付款（匯款或刷卡），之

後會收到報名成功通知信，若您於報名後 5 個工作天皆未收到報名成功通知信，請私訊粉專確認：艾咪老師的感性圖卡説。

Q：請問我有優惠碼該怎麼使用？

A：如果你手上有優惠碼，請點擊「選購」課程放入「購物車」後，點選「使用優惠碼」，填入優惠碼之後，再點一次「使用優惠碼」，就會看到優惠折抵後的數字囉！（現在的早鳥價已是超低價，不需優惠碼。）

Q：請問這門課的退款政策？

A：因「線上課程」屬於消保法第 19 條「非以有形媒介提供之數位內容或一經提供即為完成之線上服務，經消費者事先同意始提供」，所以課程售出後，將無法退款。

在以上三個問題中，第一個問題「如何確定報名完成」，會提出這樣的問題，有時候是出自於特殊的報名流程，有時候是因報名者不熟悉網路運作方式。但這個問題對於受眾而言非常重要，尤其當課程名額有限時，每位報名者都希望確保自己的報名成功。

第二個問題提到關於優惠碼的操作説明，對於不熟悉網路的人而言也相形重要。不然手握優惠碼卻因為不懂操作而得不到優惠，將會讓人理智斷線。別小看只有幾百元的折扣，很多人很看重省下了多少錢。

最後關於退款政策，這裡的範例是根據消保法規定無法退

款，當然你也可以提供風險逆轉的「滿意保證」方案，就是在一定時間內如果感到不滿意可以無條件退款，同時搭配限時優惠，促使受眾立刻做出決定。

互動，要如何玩

關於學習「互動」的問題，以下列舉「艾咪老師從 0 到 1 陪你做好看的知識圖卡」課程的問答作為範例：

Q：線上同步教學過程中，該如何跟老師互動或提問呢？

A：上午教學：透過 Google meet 留言區或是舉手功能，以打字 or 開麥的形式互動和提問。下午實作：會另開一間會議室作為提問教室，藉由螢幕分享，了解您的問題並給予解答。課後提問：有學員專屬 LINE 學習群可以發問，除了我以外，也會有其他優秀的學長姐一起給您回饋和解法唷。

線上同步教學中的互動與提問，對學習者來說非常重要，艾咪的課程提供了多種互動方式，確保學習者參與的過程感到滿意。

小結：避免消費糾紛，你有告知義務

這堂課「告知義務」的問答攻略，涵蓋了三個重要面向：**行政進度、顧客權益**和**學習互動**。

關於行政進度，我們回答了觀看時限和上架時間等相關問

題。在顧客權益方面，我們重點解答了報名成功的確認、優惠碼的使用方法以及退款政策等重要事項。

最後，針對學習互動，我們也提供了多元的互動方式。這些問題都不複雜，但你同樣有告知義務。

下一堂課，將透過問題回覆增強受眾的信心，將從一位靈氣老師談起。

第41課
攻略三：建立信心

　　林杰為是一名和藹可親的靈氣老師，每個月都舉辦靈氣課程，桃李天下。

　　有一次他出現在我的課堂上，由於當時靈氣在臺灣比較少人接觸，所以大家對於他口中的靈氣都感到相當好奇。於是那天課程中間休息時，他大方的示範了靈氣的妙用，只花短短幾分鐘，就讓一位原本精神萎靡的同學恢復了不少元氣，而且全程完全沒有觸碰到身體，僅用雙手隔空「掃描」。

　　哇！要不是我親眼所見，也聽到同學的感言，否則還真的難以相信。

　　很多時候當我們在報名課程前，就是因為還沒有親身體驗過，所以才會感到信心不足。就像一開始我也不知道靈氣是什麼，但當我實際見到林杰為的示範後，總算了解靈氣的奧妙。

　　而我後來也幸運的體驗過十五分鐘的靈氣療癒，覺得身體變得更放鬆、更舒適。由於以上關於靈氣經驗都為我來了正面感

受，所以也讓我對靈氣產生了一些興趣。

這一堂課的問題攻略，要解決的就是信心不足帶來的疑慮，這些疑慮來自於對自己的信心不足，或者對課程的信心不足。前者掙扎於自己的參與資格，後者糾結於課程的學習效用。

畢竟，不是每一堂課，受眾都有機會先體驗。因此，我們可以透過問題回覆，再次建立他們的信心。

資格，有哪些限制？

關於參與「**資格**」的問題。以下列舉兩組問答範例，前者來自於「字遊主義讀書會」，後者來自於「艾咪老師知識圖卡教練課」：

Q：如果我缺少文案寫作經驗也能參加嗎？

A：非常歡迎。透過「字遊主義讀書會」將能幫助你拓展知識邊界，厚實文字底蘊，缺少文案寫作經驗的你，正是參與這系列讀書會的最佳時機。

Q：我不確定我是否適合報名參加小班制教練課，怎麼辦呢？

A：可以先私訊艾咪老師的粉專，或者來信至 amysays2375@gmail.com 先行詢問，待確認後再報名，會希望您的錢花在刀口上，學完之後真的能夠用出來，這才是身為一名教練的使命與職責。

透過以上回答，我們回答了有關參與資格的問題，第一組問答幫助潛在學員更有信心的參與課程，第二組問答艾咪鼓勵

潛在學員透過私訊討論，以了解他們的現況，如此能提供適切的建議。

學完，會變身嗎？

關於學習「**效用**」的問題。以下列舉兩組問答範例，都來自《文字力學院》：

Q：請問已具備一定文字寫作能力的人，加入後有多少幫助？

A：如果你已具備優異的文字寫作能力，你要問的不是對你有多少幫助，而是你願不願用文字改寫自己的人生。如果你願意，在這裡，你將以最快速的時間，創造一個你從來沒想像過的世界。

Q：現在早就是影音時代了，文字還有人要看嗎？

A：文字的價值在當今世界依然重要，文字的應用範圍廣泛，我們每天都與文字接觸。即使在製作影片時，優秀的講稿才能打動觀眾的心；在使用圖片時，吸睛的文字才能夠吸引點擊。在正式的商務合作中，文字的溝通和談判扮演重要角色，無法僅以單一段影片或一張圖片完成。所以，你是否還懷疑文字對你的重要性呢？

我們針對學習效用提供了相關問答。面對較為尖銳的問題時，回覆要創造情緒張力，不慍不火的文字，就像說明書一樣，沒有辦法刺激內在感受，看了就忘。

第一組問答鼓勵那些已具備一定文字寫作能力的人，進一

步思考如何改寫自己的人生。第二組問答則闡述了文字的廣泛應用，以及不因時代改變而減損文字的重要性。這些回答有助於讓受眾重新看見文字的價值。

小結：提振信心，建立信任

這一堂課的問題攻略，回答關於學習「效用」的問題與關於參與「資格」的問題。前者讓受眾不再掙扎於自己的參與資格，後者讓受眾離開糾結於課程的學習效用。提振信心，並且建立信任。

下一堂課，我將告訴你一個回覆問題的重要概念，只要能掌握它，就能幫助你提升銷售轉換率。

第 **42** 課
攻略四：逆轉銷售

有一次我在百貨公司經過一個服裝櫃位，靠近走道處展示了兩件好看的休閒西裝外套，那時的我正想添購一件休閒西裝外套，於是我便走進去逛逛。一開始我只打算買一件休閒西裝外套就好，但每當我向櫃姐提出一個問題，每次她回答完之後，就會拿一件新的外套給我試穿。

最後，我帶了三件回家。嗯？明明我本來只想買一件西裝外套呀，怎麼最後卻買了一件西裝外套，再加上兩件薄外套呢？

至於她怎麼回答我的問題，後面再跟你說，主要是想透過這個小故事和你分享一個重要的概念：回答問題千萬不要只是回答問題，而是要讓問答成為行銷的一環。

當你掌握這樣的概念，甚至能透過回答問題，在劣勢下讓潛在客戶買單。關鍵在於不論問題是否難以回答，都要把握每一次與受眾接觸的機會。

先誠實，再成交

關於就是「沒有」的問題。有些情況你就是沒有辦法完全滿足受眾的需求，這個時候就可以推薦另一個解決方案，以下列舉《文字力學院》兩個問答範例：

Q：請問看完線上課程後，是否有互動回饋的學習內容？

A：本線上課程的目標是讓你即使在獨自學習下，也能寫出自己的鈔級文字力，透過自學快速成長。每個學習單元內會有建議的課後作業，但不要求上傳，也不會一一批改、給予建議；如果需你要更即時、更具體的回饋，歡迎參加 Elton 的實體進階課程。

Q：我很想參加，但是現在沒有那麼多預算，請問有更低價的課程嗎？

A：推薦直接報名「字遊主義讀書會」，一年 48 本直播說書＋精選永久錄影回放，還有提供完整簡報檔下載。等到適當的時機出現後，歡迎你加入我們。

當課程無法滿足受眾對於互動的需求時，我們可以先強調課程優勢，讓受眾了解到我們能提供的價值。同時，我們也可以推薦另一個能夠滿足他們互動需求的方案，這樣能夠顯示我們關心並尊重受眾的需求。

如果受眾在財務上有限，與其強迫推銷，造成受眾的心理壓力，甚至埋下不滿意的種子，我們可以退而求其次，提供一個低價的選擇，讓受眾先體驗一下。這樣有助於測試受眾對於付費的

意願，如果他們願意付費，就代表他們本來就有意願；然而如果他們拒絕了，則代表他們可能本來就不打算付費。

當受眾一旦付費並實際擁有了知識型產品，同時成為我們的客戶，未來要讓他們付費升級就變得更容易了。透過這樣的方式，我們能夠確保受眾在付費之前就對於課程的價值有所認識，同時也尊重他們的財務情況，並建立起更良好的客戶關係。

提供聯繫方式，為自己留一扇窗

關於拓展「機會」的問題。如果你接受演講、授課的邀約，請務必留下聯繫方式，以我自己的常用的方式作為範例：

Q：請問可以邀請 Elton 到學校、社團、企業授課演講嗎？

A：歡迎。請聯絡《文字力學院》臉書粉絲專頁、LINE 官方帳號，或者來信至 elton@wordpower.today

當你公開了知識型產品的銷售頁之後，如果你的專業符合某些特定單位的學習需求，自然會吸引到這些單位邀請你去授課、演講，同時也有可能會吸引到某些線上課程平臺邀請你合作開課。

所以如果你希望把握這些機會，請主動留下你最希望聯繫的管道，減少他們因為自行搜尋你的聯絡方式，最後卻因為不常使用該聯繫管道而忽略、怠慢對方，以最大化合作的機會。

小結：提升確定感，才可能趕快買單

想要化問題為助力，要做到減少疑慮與增加信心，目標是提升受眾的「確定感」。透過解決問題、告知義務、建立信心與逆轉銷售四種方式，讓受眾明確感受到知識型產品的價值與優勢，藉此提升第一次看到就買單的行動機率。

回到一開頭我還沒回答的問題，如果你問我那位櫃姐到底都怎麼回答我的問題呢？當時大概是這樣的情況，例如我問她這一件多少錢，她說一件「才」六千，透過理直氣壯的表達，讓價格在感受上做定錨。

接著，她說我的身材很適合某件外套，然後就給我試穿。當我問她有沒有折扣時，她回答我剛剛那位客人買了十二件，暗示我要多買幾件再說。

本來我一直想不透，這間百貨公司人潮那麼少，這些櫃位怎麼撐得下去，然而當我與這位屬（可）害（怕）的櫃姐接觸後，我終於明白了！因為她總是能把握每一次與客戶接觸的機會，讓客戶迅速買單，一個人能就帶好幾件衣服離開。

我們的文案，不也應該寫到這種程度嗎？

我們已經進行到第 42 課了，現在還不到下課的時候，因為接下來的連續 5 堂課，才是真正挑戰的開始……

第七篇

為自己加值，從學習開始

第**43**課
因為她持續學習，
所以創造了奇蹟

記得有一年，某個平臺找我合作線上課程，雖然過程相談甚歡，但由於事業規劃因素，暫時將計畫擱置。

當時我突然想起一個學員，曾經上過我的「文字結構力」這門課程。她是一位非常優秀的講師，當時經驗尚淺的她，已表現得比剛站上講臺授課的我更加卓越，於是我向平臺方大力推薦。幸運的是，當平臺方看了她的經歷與作品後，也認為她的課程具有市場性，所以他們連繫後，很快就合作了。

不過，你以為和平臺合作就輕鬆了嗎？不！這才是挑戰的開始，銷售線上課程有一個很重要的環節，就是撰寫用於銷售頁的「文案」，也就是這門課指稱的「知識型產品銷售文案」，它是成交的關鍵。

雖然與平臺合作，但她的文案並非由平臺撰寫，而是由她親

自操刀，畢竟只有自己最了解自己的課程。很多講師因為自己不會寫文案，所以卡在這一關，於是只能賭賭看平臺撰寫文案的能力。好在她先前已在我的課程中經過長達為期半年的訓練，因此早就裝備好了這些能力。

在緊鑼密鼓的規劃課程與問卷調查，最後，當這門線上課程推出後，在募資期間開出紅盤，一舉突破 800% 進度，目前銷售達 1960% 進度，現在購買人數還在持續增加中。我就不雞婆的計算這門課程能賺多少了，簡單提示，六位數起跳。

至於這個故事的主人翁是誰？其實她的線上課程，你可能也跟我一樣都有購買，她就是知識圖解教練艾咪，現在在《文字力學院》擔任「字遊主義讀書會」的領讀人。而前面提到的課程，就是「社群圖文即戰力！用 PPT 高效打造質感知識圖卡」，仍在 MasterTalks 販售中。

就在一切看似順利進行、事業起飛的階段，卻發生了一件讓所有人都詫異的事情。當這門課程上線沒多久後，由於艾咪感到身體出現異狀，跑去健康檢查後發現竟然不幸罹癌。醫生告訴她，如果要恢復健康，她需要長時間的治療與休養，她不但被迫中斷事業，還面臨收入短缺與龐大醫藥費的夾殺，對於她身心打擊一定很大，讓我一時之間很擔心她的狀況，但也只能獻上祝福，期待她能夠恢復健康，早日回歸。

當時我在電話中跟她說：「我知道妳接下來會經歷一場磨難，會感到很辛苦，但我相信你最終一定會好好的，加油！」

她沒有從此消失，我們還是會讀到她的文字、見到她的圖卡、看到她的影片，聽到她的聲音，但就是不知道她什麼時候才能回到如往昔般的生活，我們只能默默等待。

隔了好長一段時間之後，她告訴我，好在當初有這一門線上課程，好在當時有這一大筆收入，好在直到現在還有持續性的收入……，為她緩解了燃眉之急，否則她真的不知道該怎麼辦。從她口中說出的「謝謝」，是如此的溫暖又堅定，當我知道這個消息時，也放下了心中的一塊大石。

艾咪是個努力且樂於學習的人，她總不吝嗇對大腦的投資，總是花時間持續提升自己，才能衝破擁擠的市場，在知識圖卡領域占得一席之地，也才能在突如其來的衝擊下，讓自己平安度過巨大的危機。

歷經長達一年半的休養生息，艾咪的身體總算恢復健康，她也已經正式宣布回歸，準備為自己的人生創造更璀璨的篇章，每一個人都為她喝采。你會發現，這本書中充滿了她的範例，因為這些文字都是她過往努力的痕跡，在她人生中最需要幫助的時刻，創造了翻轉生命的奇蹟。

學習，永遠是為了自己。我們永遠不知道，學習，能帶給我們的幫助有多大。接下來的這幾堂課，我將從「為自己加值，從學習開始」出發，分享如何在前面 43 堂課的基礎下，持續優化文字力，並且透過科技的力量提升寫作效率，即使一個人也能永續經營，創造驚喜。

第 44 課
想賣得更好嗎？
這個調味料你得加（上）

　　你想讓受眾更快採取行動嗎？你想讓文案為你帶來更多銷量嗎？如果你的答案是肯定的，你得在文字中加入一種調味料。

　　這個調味料和文案寫作技巧無關，但如果文字中少了它，就像炸醬麵忘了放炸醬一樣，即使麵條煮得再好，也讓人覺得食而無味。

　　這個調味料就是「**情緒**」。

　　所以，這一堂課我們不談任何文字技巧，就講「情緒」。

　　情緒是個人在特定時刻所體驗到的主觀心理狀態，它是由神經生理的變化所引起的一種精神狀態，在相同的情境下，不同人可能會產生不同的情緒反應。此外，情緒也是一種動態的過程，可以隨著時間和情境的改變而變化。

　　回來！我知道你一開始對於這個調味料有興趣，但是當你讀

完解釋「情緒」的這段內容，喔，不！可能你還沒讀完，你的靈魂就已經飄到外太空，因為這段解釋情緒的文字「沒有情緒」。

現在你已經了解情緒對於文字的重要性了，由於這部分的內容較多，將分成上、中、下三集。

這一集我們先從「**設定情緒目標**」談起。

設定情緒目標，置入相應的情緒

美國文案專家安迪·馬斯倫（Andy Maslen）認為，在撰寫文案時要設定「情緒目標」，也就是當他們讀完文案之後，我們希望他們有怎樣的感受？因此我們要了解情緒能幫助我們達成什麼目標，再去文字置入相應的情緒。

心理學上常見的「**基本情緒**」包含喜悅、憤怒、悲傷、恐懼、厭惡、驚奇等六種，這些是全人類共有的情緒，所以我們可以作為設定情緒目標的參考。

來看一個情緒堆疊的例子吧，它是為當初為了「開課獲利方程式」所寫的招生文案：

我知道很多朋友，明明有內涵、有專業，更有熱血，想透過開課把專業上的觀念、知識或技術，讓更多人知道，卻不知道該怎麼做到！

其實，不是你不專業，而是你不懂商業。結果是，讓懂商業但不專業的人，占滿了開課的市場，更氣的是，他們還把錢都給

賺走了⋯⋯

這件事情，不只是錢往哪裡流的戰爭，更是心在哪邊停的爭奪！想想看，如果每個人的心，都往錯的價值靠攏！那將會是多麼可怕的一件事情？

如果你身為講師，是不是越看越「生氣」，這就是我設定的「情緒目標」。

接下來，我們來了解哪些情緒能帶來哪些效果，讓情緒目標更貼近我們想達成的結果。

情緒能抓住注意力，善用驚奇打破預期

沒有情緒，就沒有注意力。文筆再好，但如果不能引發情緒，那還不如丟到垃圾桶。

根據研究，人類大腦中的海馬迴具有自動預測的反應，當接收到的訊息與預測相反時，大腦會本能地提高注意力。蘇珊・威辛克認為情緒是正面也好，負面也罷，重點在於能否讓人們對這件事提高警覺。

日本腦科學家萩原一平認為，多巴胺與人的積極性或新奇探索性之間的關係已越來越明確。當我們感到好奇時，大腦會大量分泌多巴胺，這使我們更渴望瞭解接下來會發生什麼事情，多巴胺的分泌增加，會引發一連串相互關聯的作用。

當我們能促進多巴胺分泌，就能抓住受眾的注意力。故事

教練麗莎・克隆認為，當故事有「驚奇」元素會促使多巴胺分泌，讓人想知道接下來發生什麼事情，這是打破大腦預期帶來的效果。

總之，只要在文字中打破大腦在閱讀時的預期，透過創造驚奇的情緒，就會促使大腦分泌多巴胺，就能快速抓住受眾的注意力。

這一點不只能應用在「吸引」步驟的標題與「導引」步驟的開頭，而是在當你希望抓住受眾注意力的時候都可以使用。好比在「上癮」步驟，明明應該要敦促行動，卻這樣寫：「如果你錯過了一次又一次，現在還是猶豫不決，那你不妨再多等一會兒。」打破受眾對於敦促的預期，瞬間就找回了注意力。

情緒能維繫注意力，創造謎團與告知代價

抓住注意力還不夠，你知道要如何維繫受眾的注意力，讓他保持興趣閱讀嗎？很簡單，給他一點壓力。

在這裡要介紹一個被稱為「壓力荷爾蒙」的皮質醇（Cortisol），它在應對壓力中扮演著重要的角色，它能夠提高人們的警覺性，幫助集中注意力。正常水平的皮質醇，有助於身體在壓力下恢復平衡，當我們感到擔心時，身體會分泌皮質醇，這使得我們感到更加緊張，並持續保持著注意力。

這裡有個重要的提醒，給受眾的壓力只能一點點，像蚊子在他們的耳邊嗡嗡嗡的鳴唱就好，而不是狂風暴雨，伴隨著閃電

打雷，驚天地泣鬼神的哭號。因為一旦當人感受到過大的壓力，就會激起「戰」或「逃」的本能。「戰」就會抗拒你的內容，「逃」就是不看你的文字，那就玩完了。

創造有利益的謎團

既然給一點壓力又不能太多，我們不妨在文字中給受眾一個未解的謎團，當這個謎團和他們切身相關，就會讓他們不得不繼續看下去，才能得到答案。

「透過一個思維，讓你在一個月內打造五個付費知識型產品，即使你現在連一個都沒有。透過一個策略，讓客戶追著你跑，而不用辛苦的跟進，因為損失的是他，而不是你。」在這個範例中，保留了關鍵訊息產生一種未解之謎，同時它又存在著與受眾切身相關的利益，注意力能渙散嗎？

告知不改變的代價

又或者讓受眾感受到一些情緒起伏，並且讓他們意識到如果現在不改變，將會付出什麼代價。「如果你不現在學習，但是競爭對手卻學會了呢？」提醒受眾不趕快學會，等到競爭對手都學會了，那才是最可怕的事情。

適度的壓力能維繫注意力，與自身相關就會維持興趣，謎團與代價是你可以稍加施力的地方。

情緒能創造共鳴，展現同理拉近距離

如何深化感受，讓情緒波動帶出更深刻的情感連結？我們必須了解被稱為「幸福荷爾蒙」的「**催產素**」（Oxytocin）。

蘇珊・威辛克指出：「人體釋放催產素的時候，我們就會感到關愛、溫柔、體貼還有信賴，這些感覺讓我們有歸屬感。」

根據研究顯示，催產素在建立人際關係、培養信任和促進互動方面，扮演著重要的角色。它能夠喚起我們對他人的關心，增加同理心，深化我們之間的情感連結，並促使人們建立起親密的關係。它還能引導人們做出符合道德的選擇，而不是採取敵對或攻擊性行為。

同時，催產素也被證明對減輕壓力有幫助，能夠帶來一種平靜和放鬆的感覺，讓我們能面對壓力和挑戰。

用同理心走入他的內心

當催產素分泌增加時，它能夠增強我們的情感連結和共鳴能力。在文字表達上，你可以勇敢的傳達多數人內心深處不敢講的話，你可以說一個真實、令人同情的故事，你可以營造讓人感動的氛圍，以上這些做法都能讓受眾更加投入，無法自拔地捲入你的文字漩渦中。

看看實際的例子吧！

「我知道你好努力，一直一直以來都好努力，在趕路的過程，不小心跌倒了，你會忍住疼痛，不讓淚水滑落，你會趕快爬

起來，輕輕拍掉身上的塵埃，你會忽視擦破滲血的傷口，假裝毫不在意的繼續前行，因為深怕別人訕笑你太脆弱，輕蔑的眼神彷彿在跟你說：『你的夢想根本不值一提……』這一路，苦，只能往肚裡吞。這樣的你，是你嗎？」

夢想很甜美，現實很苦澀，當我們踏上夢想這條路，跪著也要走完！儘管說得豪氣干雲，但這些苦能跟誰訴說呢？一切只能藏在心底。這些潛藏得情緒與說不出的感受，我代替所有為夢想而努力的人講了出來。

小結：情緒，是文字中最重要調味料

這一堂課，我們從設定情緒目標談起，接著分享如何透過情緒抓住注意力、維繫注意力以及創造共鳴。驚奇能抓住注意力，謎團與代價能維繫注意力，同理能創造共鳴。你要做的不是記下這段結論，而是把它們寫進你的文案裡。

下一堂課，我們來探討情緒如何帶動行動，以及情緒如何幫助記憶。

想賣得更好嗎？
這個調味料你得加（中）

「如果內容沒有情緒，就像飯菜沒有味道，很難吸引人。」品牌顧問沙建軍指出內容與情緒之間的關聯。這一堂課的調味料有點重，適合吃重鹹的現代人。

情緒能促使行動，最強大的武器：恐懼

蘇珊威・辛克指出，「因為舊腦主司警覺危險的任務，所以對人類來説，恐懼是最強大的動機。在人腦沒有意識過來到底發生什麼事情之前，就已經在無意識之中對恐懼做出了反應」，同時她也指出，「比起期望原本沒有的，可能會失去一切的恐懼，更能刺激群眾採取行動」。

即將失去的恐懼

當我們了解以上這兩點，就能明白為什麼限時限量在行銷上永遠奏效的原因。所以在「上癮」步驟，價格呈現與稀缺因子就顯得格外重要，因為它們激起了受眾心中即將失去的恐懼。

「如果你不想現在就取得按讚變訂單的入場券，可以等下次調漲再買，喔！不！應該說……不如等之後恢復原價再來買吧！」告知現在不趁優惠價購買，未來只能用更高的價格買進，這就是刺激受眾失去的恐懼。

已經失去的懊悔

失去的恐懼不僅僅只是失去下單機會這麼簡單的事情，也可能包含了其他令人擔心害怕，甚至更宏觀的視角。好比「讓美國再次偉大」這句口號，就是唐納‧川普（Donner Trump）激發美國選民擔心美國即將失去世界霸權地位的恐懼與懊悔情緒，最終贏得大選，成為第 45 任美國總統。

「**即將失去**」的恐懼很強大，「**已經失去**」的懊悔也很強大，如果有機會「挽回」頹勢，當受眾感到懊悔時，請立刻鼓舞他採取行動。

在談到鼓勵專業講師不要只是被動等待邀課，而是主動舉辦公開班時，我在「開課獲利方程式」的招生文案中寫下：

「因為如果專業的你再不出來，不專業就會領導專業！因為如果正面的你再不出來，負面價值就會擊垮正面價值！」

這就是透過即將失去的恐懼的現況，連結到已經失去的懊悔的未來，表達開公開班的必要性。

正向激勵的語言

談到「恐懼與行動」之間的關聯，文案專家德魯·艾瑞克·惠特曼（Drew Eric Whitman）認為，「只有你的潛在客戶相信自己有力量改變自己的處境時，恐懼才能有效激發他採取行動」。所以在刺激受眾內心的恐懼時，記得要具體說明你如何幫助他們逃離困境，還有正向激勵的語言。

因此當我寫出激發恐懼與懊悔的文字後，我後面接著寫：「不論你是否為講師，也不論你是否默默無名，只要你有內涵、有專業、有熱血、有助人的一顆心！『開課獲利方程式』這堂課，等著你：幫你把好的觀念、知識與技術傳達出去，也讓你的專業分享，獲得應有的報酬與尊重，同時開啟並拓展你的斜槓版圖。」以上就是用正向激勵的語言說明逃離的困境。

情緒能促使行動，第二強的武器：欲望

德魯·艾瑞克·惠特曼認為，欲望與行動之間的關係是「壓力→欲望→滿足欲望的行動」，這代表當我們喚起受眾內在欲望時，就等於創造一種動力，激發他們盡快採取行動以滿足欲望。

惠特曼強調，為了促使行動，我們必須瞄準受眾的欲望，而不是聚焦在產品本身。換句話說，當我們找到受眾的欲望，並且

激起欲望沒被滿足所帶來的情緒，就能促使受眾採取行動。

　　金錢、關係和性是人類生活中的欲望，也是讓知識型產品從好賣變成很好賣的元素，它們與情緒之間存在著密切的關聯。

金錢的欲望

　　首先，金錢的欲望常與優越感相關。在現代社會，金錢象徵著成功、地位和滿足，擁有財富可以引發自豪感和成就感。

　　例如：「『黃金變現策略』這門課程在教的，就是『一次打造五個知識型產品，讓客戶追著你跑，創造日日進財的商業模式』。」與知識變現、事業、金錢直接連結，刺激受眾內在強烈的渴望。

關係的渴望

　　其次，對於關係的渴望與歸屬感緊密相連。人類是社會性生物，我們需要與他人建立親密關係和社會連結，這種連結帶來的歸屬感與情感安全感相互作用。

　　「正因為聚集在這一堂課的人，各各身懷絕技，更是真誠回應。」這段由陳重諺上完「隱形文字力」的課後心得，就呈現了他在這門課程中，建立了「關係」的連結。

性的欲望

　　最後，性的欲望與愉悅感密不可分。性是人類生活中重要的生理和心理需求，滿足性的欲望可以帶來愉悅、興奮的情緒體

驗，同時加強與伴侶之間的親密關係。

　　許多奢侈品傳遞的行銷訊息都帶有性暗示，證明運用性吸引力可以讓商品賣個好價錢。儘管性吸引力的影響不容忽視，但與性有關聯的知識型產品簡直太少了，然而我們仍然能透過這個人類本能反應，去激發受眾內在的聯想。

　　撰寫知識型產品銷售文案時的實際做法是，不與性直接連結，但是借用詞彙與感受，例如「撫摸感覺給你的魔幻之川」，這句話就是透過「撫摸」這個動作，隱微的與性做了連結，提升感受的豐富度。

小結：善用恐懼和欲望，就能刺激受眾情緒

　　這一堂課，我們談到了情緒中最強大的兩種武器，第一強大的是**恐懼**，第二強大的是**欲望**。前者以失去的恐懼作為籌碼影響受眾的情緒，後者以金錢、關係與性三種欲望傳遞暗示挑逗受眾的情緒。

　　接下來，我要和你分享的是比本能反應更高層次的影響。

想賣得更好嗎？
這個調味料你得加（下）

根據心理學的定義，情緒是快速且短暫的反應，而情感則是長期且穩定的表現。所以，刺激情緒能短暫抓住注意力，喚起情感則能夠更深刻的影響。

更高的層次：情感

不要只把焦點放在後天塑造的金錢，以及人類本能反應的關係與性，從 NLP 的「邏輯經驗層次」來看，環境塑造行為，行為累積能力，能力形成價值、價值型塑身分認同，最終放下小我，專注使命。越高層次與情感連結越深，越持續影響著我們的想法與行為。

這也是為什麼普通人做知識型產品，有時候會比專業領域大神更具吸引力的原因。因為普通人一路走來，面臨的痛苦、衝破

困境的能力、型塑的價值觀與使命，讓普通人更有共鳴。

最終，你的「價值觀」是什麼，你如何判斷一件事情的標準，你這個人能否與受眾之間的身分認同有所連結，以及你是否有值得追隨的「使命」與「願景」，才是深刻影響的層次。

價值觀是感性的總結

價值觀不是理性的取捨，而是感性的總結，就像是一個人覺得錢很重要，可能是因為以前窮怕了。

由於你與受眾之間往往有共通的經驗或理解，所以你的價值觀即使沒有明確的寫出來，大家也會感受到。因為它會體現在你的文字當中，好比節儉的人喜歡強調 CP 值，有錢的人喜歡談論樂趣。當我們在文字當中看到關鍵字或者特定的描述，就會下意識地去參照文字背後的價值觀。

我已經有好幾次的經驗，因為與授課講師或開課單位的價值觀不契合，儘管課程的賣點解決了我的痛點，但我仍然拒絕付費。相反的，我也有好幾次的經驗，因為認同授課講師或開課單位的價值觀，文案都沒什麼看，就付費購買他們的知識型產品。

就像伴侶要找三觀合的，彼此才能相處融洽，只要你一眼神肯定，我的愛就有意義。

使命帶來情感的追隨

關於你的使命與願景，我建議把它們寫出來。如果你心中有把火，不要藏在地下室，讓它明目張膽的出現在文案中，因為價

值觀容易體現，使命與願景則需要呈現——金句的提煉。

原本我的個人使命是「運用文字的多元性發揮影響力」，在成立《文字力學院》之後，提出「用文字改寫人生」這樣更宏大的願景。它不只是一段宣言，更是指導我的人生與事業的加速器。

情字創造永恆的連結

情感包含了恆久的主題，例如愛情、親情、友情，你的課程是否能提供這些價值，你的文案能否創造這些連結。情字就是「關係」對渴望的表達，但我們要做的不只停留在短暫的情緒刺激，而是要深入到情感連結。

接續前面提到陳重諺上完「隱形文字力」之後寫的心得：「我得到了無盡的魔力與真實，還有一些暈眩的幸福。隱形的文字，有形的真摯。」表達他在這門課程中獲得的「情感」（友情）連結。

情緒能幫助記憶，趨吉避凶

要如何讓受眾對你的文案印象深刻，而不是看過就忘，像是喝了滿滿一碗孟婆湯？

萩原一平在提及情緒與記憶之間的關係時表示：「當腦部判斷這是為了生存下去所需的重要資訊，或是經由反覆記憶的行為來加強印象的話，資訊即可以被穩定下來成為長期記憶。所謂生

存下去所需的資訊，就是當大腦感覺不愉快，或是判斷為危險、不要靠近比較好的時候；或是反過來，當大腦感覺愉快舒適，判斷為快樂、希望重複發生的時候。」

我們可以將以上對人類本能反應的解釋，濃縮為四個字：趨吉避凶。

經過演化，大腦進化出了一種機制，將情緒與記憶緊密聯繫在一起。情緒讓我們知道什麼記憶該儲存，什麼記憶可丟棄，充滿情緒的記憶更鮮明與長久。簡單而言，只要是能引發痛苦或快樂的情緒，都能幫助記憶。

因此，害怕、擔憂、恐懼等負面情緒，以及喜悅、開心、興奮等情正面情緒，都是我們在文字中要施力的方向。

最重要的是，由於初始效應與近因效應的影響，人們會記得最一開始的事情以及最後的事情，所以請務必重視開頭與結尾的文字內容，並且在這兩個地方激起最多情緒。

如果你希望受眾能記得你（包含你這個人、你的文案、你的知識型產品），記得要在文末多施一點力氣，強化情緒張力。

趨吉避凶，留下記憶

例如在我為我的 NLP 老師 Sam 寫的推薦文中，是這樣收尾的：「不論是什麼原因，讓你接觸到 Sam 的課程或者工作坊，你可以不要相信自己，但請你相信 Sam。」用篤定語氣作鏗鏘有力的結尾，以堅定信心，留下正面印象。此為趨吉。

我們也可以在情緒的基礎下，透過暗示深化影響，以「無形滲透」線上講座最後一段的文案為例：

「有的人因為猶豫不決，總是困在過去；有的人因為選擇相信，所以迎向未來。兩者的差異，只在於現在。」

以不同決定造成不同結果的對比，表達失去與獲得之間的落差，勾起大腦趨吉避凶的本能反應，以提升印象。

陌生化，讓暗示昇華

又或者以「陌生化」的文學概念，強化暗示與提升記憶的效果。陌生化是俄國形式主義大師什克洛夫斯基（Viktor Shklovsky）提出的理論，透過「反常」創造陌生化的效果，以達到文字的美感。例如：

「撫摸感覺給你的魔幻之川，在筆觸揮灑後，讓希望徜徉心海，讓信念誇耀你。現在，讓自己，遇見隱形文字力。」

如果以文學角度審視，這段文字並沒有特別反常。然而這是一段文案，卻寫得不像文案，而且這段文案與前面的文字風格迥異，所以對於受眾在閱讀的感受上就是一種反常，因而達成陌生化的效果。

小結：情緒才是主體，文字只是輔助

最後，總結一下。設定好文案的「情緒目標」，從整篇到每個段落，從每個段落到每一句話，就能讓情緒做到**抓住注意、維繫注意力、創造共鳴、促使行動**與**幫助記憶**等五大效果。

「情感」是更高的層次，可以創造更深遠的影響，情緒能幫助記憶，因為趨吉避凶是人類本能反應。這堂課的標題用調味料指的是「**情緒**」，雖然情緒只是調料，但其實才它是文字的「主體」，就像吃粽子一樣。

下一堂課，我將告訴你如何善用科技以提升寫作效率。

第47課
如何善用 AI 提升寫作效率

　　雖然許多人對於人工智慧（英語：Artificial Intelligence，縮寫為 AI）可能搶走工作而覺得擔憂，但我個人對於 AI 的蓬勃發展卻感到興奮。因為，現在有了 AI 的協助，我們能夠完成許多以前無法實現的事情，例如透過與 ChatGPT 的協作，能夠大幅提升我們的寫作效率。

　　先介紹一下 ChatGPT 是什麼。ChatGPT 是一個 AI 語言模型，它基於過去的訓練數據生成回應，不具備獨立思考的能力，但可以作為一個輔助工具，來幫助我們進行工作。

　　使用 ChatGPT 非常簡單，只要透過文字下達指令，就能讓 ChatGPT 自動生成文本。為了幫助 ChatGPT 更好的生成內容，指令要越具體越好。可以透過多次的對話，訓練 ChatGPT 讓它理解你的意思，生成的文本就會越來越接近我們想要的。

　　那我們該如何與 ChatGPT 協作呢？

透過餵養與指示讓 ChatGPT 幫你寫文案

當我們使用 ChatGPT 時，可以把這這門課的內容餵給它，並指示 ChatGPT 用它作為學習的素材，幫你撰寫文案。

例如，我們可以提供吸引的七個魔法的說明與範例給 ChatGPT，然後請它為你的知識型產品寫 30 個標題，你再挑選適合的就好，如果你不會挑，也可以讓數據說話，直接投放廣告，再看哪個效果好。

你還可以告訴 ChatGPT，你的課程主題與賣點，以及主要鎖定哪群受眾，然後請 ChatGPT 幫你設計課程大綱。你會驚訝的發現，它的思慮比你還周全，有些可能是你原本沒想過的，或者有些是你原本知道但卻遺漏掉的，而 ChatGPT 將會統統幫你補齊。

與 ChatGPT 協作生成文案的做法

使用 ChatGPT 時，請先設定 ChatGPT 要扮演什麼角色，下指令時請提供知識型產品的資訊，讓它知道產品賣點是什麼，還有受眾是誰，讓它知道要對誰說話。還可以提示寫法，讓它設定行文風格或語氣，以及設定篇幅，指定符合你希望的字數。

如下：

1. 設定身分，例如：「你現在是一名網路行銷人員」。

2. 提供產品與受眾資訊，例如：「專為自由工作者提供以○○○為主題的線上課程，課程名稱為

『○○○○○』」。

3. 提示寫法，例如：「請用比較浮誇的方式撰寫」。

4. 設定篇幅，例如：「300 字內」。

以上全部合在一起，給 ChatGPT 的指令就是：「你現在是一名網路行銷人員，請為一門專為自由工作者而設計，以○○○為主題的『○○○○○』線上課程，撰寫 300 字的文案，請用比較浮誇的方式撰寫。」

如果你是一人公司老闆、自由工作者、斜槓創業家，不必再擔心沒有時間撰寫文案。因為當你掌握了我所有傳授的知識與技巧後，你可以輕鬆與 ChatGPT 協作，創作出各種你所需的內容。

雖然我們可以直接讓 ChatGPT 寫出一整篇文案，但我更建議把每個步驟，例如「吸引、導引、勾引、上癮」，甚至每一個重點都分開來，例如「標題、開頭、講師介紹、課程大綱、心得見證、方案介紹、導入價格、呼籲行動」等等，這樣你就可以更仔細下的達指令，最後整合成一篇，再請 ChatGPT 潤飾，產出的文案就會更精準。

提供草稿讓 ChatGPT 幫你完稿

如果你不想統統靠 ChatGPT，先給你一個大拇指，讚。

你可以把你寫的內容當作草稿提供給 ChatGPT，然後請它「補充」或「增加」文字，讓這篇內容變得更完整。如果你認為

它已經很完整了，那麼你可以請 ChatGPT 幫你進行潤飾修改，你將會驚訝地發現 ChatGPT 邏輯上的強大，它能夠更清楚地解釋你原本不夠清晰的部分。

你甚至可以要求 ChatGPT 採特定的寫法修改你的提供的內容，例如：「請使用倒敘法來修改我提供給你的這篇故事」。

使用 ChatGPT 生成的文本要審閱修改

有時因為 ChatGPT 的邏輯過於強大，可能會導致語句冗長，打亂了行文節奏。就像電影《葉問》中武痴林説的「攻中有防，防中有攻，攻不離防，防不離攻」這段話一樣，旁邊的小鬼只會跟你説：「咦？你這四句説的都一樣呀！」

在這種情況下，你可以將其重新修改，讓這四句話變成「攻守合一」，或者改為「攻擊時需要有良好的防守策略，而防守則是為了應對攻擊」等更精簡的表達。

在使用 ChatGPT 進行創作時，請記得要先審閱並進行修改，原因你已經知道了，ChatGPT 有它的限制，只有你能了解閱讀時的感受，以及掌握背後能激發的情緒。

AI 不會取代你，
但你可以透過 AI，讓自己更厲害

如果你學完上一堂課，你應該能體會 AI 在短時間很難取代人類，這代表很難取代「你」在文案撰寫中的角色。因為人有「情緒」，還有「情感」，而這些只有「你」能感受得到。

AI 不會取代你，因為它仍有其限制。我們可以運用 ChatGPT，增加創作靈感與提升寫作速度，透過與 ChatGPT 的對話，不但能為你產生更多的內容，也能從中得到學習，讓自己變得更厲害。

小結：和 AI 做朋友

我們可以與 ChatGPT 協作，透過餵養與指示，讓 ChatGPT 幫你寫文案，或者提供草稿讓它幫你完稿，也可以與他對話，提供你源源不絕的靈感。我們要善用 AI，和它做朋友，而不是害怕被取代。

下一堂課，將會幫助你再次提升，跳脫單純撰寫文案的範疇。你可以用這堂課的教學，讓 ChatGPT 協助你做好內容創作，開始經營自媒體，即使一人公司，也能創造億元收入。

第 48 課
一人公司也能創造億元收入

由於 3C 科技的發達與網路社群的發展，再加上 AI 的浪潮下，現在創業已經比過去容易太多，你不需要籌措一大筆資金才能開始，也不需要雇用一堆員工才能完事。

把大腦中的知識賣個好價錢，也不是只有寫作、出書與受邀講課而已。創造獲利比以前容易太多，一人公司賺一億，也可能只是一下子的事情。

這一堂課要和你分享三個掌握時代紅利的重要關鍵，而且每個人都能從零成本開始，只要你有好的文字力。

不僅為了知識而付費，更為了獨特的存在而買單 ──從個人品牌到個人 IP

如果你想做知識變現，首先請你牢牢記住，「你」是最重要的一件事情，甚至是唯一的一件事情！

相信你不會否認，讓我們能應付日常生活與工作所需的觀念、知識與技術，在網路上全部都找得到。既然如此，那為什麼我們還願意付費買課程學習？不只是因為這些課程幫我們規劃好學習內容，讓我們能省下搜尋、分析、歸納與整理的功夫，提升解決問題的效率，更重要的是，因為「你」。

我們不僅僅是為了解決問題而付費，更是為了一個獨特的存在而買單。說得更簡單一點，因為我認同你，所以我付費；因為我相信你，所以我買單；因為我喜歡你，所以我掏錢。如果沒有這樣的認知，在知識變現的賽道會非常辛苦。

以下每個線上課程的營收都是億元起跳：YouTuber 阿滴的「百萬 YouTuber 阿滴－剪輯攻心術」賣了超過一萬四千人；葉丙成教授的「葉丙成的簡報必修課」賣了超過一萬七千人。這兩人都有各自的專長，他們的線上課程主題也大異其趣，但是他們有一個共通點，就是「有名」，他們的名氣來自於長期的耕耘，而且累積了一大群喜歡他們的粉絲。

這麼說好了，「你」就是「個人品牌」，「有名的你」就是「個人 IP」。

好的個人品牌要展現獨特的一面

知名廣告人黃文博認為，品牌的基本元素叫做「**印象**」，根據這個詮釋，個人品牌就是創造他人對你的印象。奧美廣告副董事長暨奧美集團策略長葉明桂透露創造新品牌的祕訣，就是「給品牌一個前所未有的新鮮感覺」，因此，創造好的個人品牌，就

是要展現你最獨特的那一面。

進一步說明，個人品牌代表的是「你是怎麼樣的一個人」，包含你是誰、會什麼、能幫助大家解決什麼問題這類專業度的區別，以及你的個性、特質、價值觀、情緒、行為等這些完全個人化的差異。

個人 IP 讓粉絲因為你而買單

吳聲在《打造超級 IP》指出，IP 代表內容創造、流量支配與人格塑造，所以個人 IP 則是包含個人品牌，但是有更強大的動能，充滿魅力，自帶流量。當你從個人品牌進化到個人 IP，不只有一群粉絲喜歡你，更有一群粉絲會為了你而買單。

也許你會覺得，這不是澆我冷水嗎？誰不知道名氣帶來的好處，但臣妾做不到呀！別擔心，不用做到讓每個人都認識你，可以先從特定領域，站穩利基市場開始。

經營自己從站穩利基市場開始

《Life 不下課》Podcast 節目主持人歐陽立中在爆紅之前，先在學校老師的群體中累積名氣，透過寫作耕耘許久之後，才迎來了日後的個人崛起。

歐陽立中就是從經營個人品牌開始，慢慢進化到個人 IP。以前讓大家喜歡，現在讓大家買單，線上課程一堂一堂的賣，團購商品一波一波的開。還記得嗎，「你」就是最重要的是事情。

只有「你」，永遠無法被取代

自 2004 年成立，在華語市場紅極一時的「F.I.R. 飛兒樂團」，於 2018 年更換主唱。儘管新主唱的演唱技巧很好，然而市場的接受度並不高。

一來是情感因素，粉絲們不想要新人換舊人，他們想要的是自己所熟悉的飛兒；二來是特色，原主唱的歌藝即使不那麼完美，但她的音質與演唱風格極具個人特色，讓人難以忘懷。還是老話一句，「你」就是最重要的事情。

AI 永遠比你更完美，但你需要的不是完美，你需要的，就是「你」，僅此而已。至於要怎麼從個人品牌進化成個人 IP 呢？這牽涉到第二件事情。

你不用成為網紅，但一定要經營自媒體 ——從自媒體經營到自媒體變現

想要成為自帶流量的個人 IP，就需要有內容，透過內容產出，累積信任感；透過價值觀輸出，攏（洗）絡（腦）受眾。

阿滴在 YouTube 有百萬訂閱，葉丙成教授臉書有 25 萬粉絲。阿滴每週產出影片，不管是英語教學還是生活分享都廣受歡迎；葉教授每天發文，他寫的貼文經常被新聞媒體轉載。

他們都在自己擅長與適合的社群經營自媒體，持續產出內容與傳遞價值觀，當他們做線上課程賣到上億，也只是順便而已。

能短時間賣到上千萬，甚至破億的，往往都是付出努力、有所累積，且樂於經營自媒體的人。

但是，我知道並不是每個人都想要變成網紅，也不是每個人都適合成為網紅。像我本人個性低調、重視隱私，向來很不喜歡各種形式的曝光，露臉這件事特別讓我感到彆扭。像這樣的人格特質，是很難成為一名網紅的。

不用成為流量型的網紅，但要朝專業型的自媒體努力

網紅通常代表有一定的流量，可以創造一定的曝光。然而，我們不一定要成為流量型的網紅，而是可以成為專業型的自媒體。

孫治華經營的，就屬於專業型的自媒體，他的個人臉書好友與追蹤者，加上粉絲專頁的粉絲與追蹤者，合計三萬六千人。他在社群上發文的施力點瞄得很準，臉書上分享的文字，不論篇幅長短都引人思考，然後看著看著就不小心買單了。

自媒體，就是你的通路

2021 年 6 月臺灣疫情爆發，打亂了所有的工作計畫。那時候待在家的我心想，總要想點辦法突圍，於是我在臉書六天發了五篇文章，來推廣我自己的課程。

在沒有支付任何廣告費，也沒有進行任何的聯盟行銷，更沒有提前支付任何成本的情況下，光靠這些文字就賣了三十九萬，而當時我的臉書好友僅僅只有兩千人而已。

由於我把最多的精力留給學員，所以平時我並沒有花很多時間經營社群，但我幾乎每天都會發文或者發限時動態，偶爾會發表一些知識型內容，以及閱讀心得摘要。

挑選適合社群的經營自媒體

社交平臺能幫助我們與他人建立連結、維持聯繫。超級業務吳家德有一句名言：「友誼開始初，記得加臉書」。我們不一定需要成為擁有很多流量的網紅，只要好好經營自媒體，永遠不會錯。

社交媒體有很多，你不需要每個平臺都經營，但你要在適合自己且能讓自己發揮的地方，占有一席之地。如果在臺灣市場，Facebook、Instagram、LINE、YouTube 這幾個平臺千萬不要錯過。

不用追求百萬訂閱，打造永續流量池
──從一千位用戶到一千名鐵粉

如果把用戶比喻成魚，當我們想要隨時有魚吃，就要先養一池子的魚，這是美國行銷專家傑・亞伯拉罕（Jay Abraham）所提出「魚池理論」。

科技教父凱文・凱利（Kevin Kelly）提出了「一千個鐵粉理論」，他認為創作者只要擁有一千名鐵粉就足以餬口，因為鐵粉擁有強烈的認同感，因此付費意願很高。

我們要持續建立名單，但與其追求百萬訂閱，不如穩穩拉攏一千個鐵粉，這麼做的好處在於更容易、更有效率，而且也比較不會因為被過度關注而炎上。

先累積用戶，再經營鐵粉

我曾透過行銷累積一千名用戶，這些名單不是免費加入的那種，而是全都付費過的。儘管我擁有的是一千名用戶，而不是一千名鐵粉，但我發現每個月要創造收入並非難事，因為我只要寄發純文字的電子報，就能銷售我的知識型產品。甚至在沒有知識型產品的情況下，也能透過預售方式先收到一筆錢。

因為有了這份經驗，讓我確信魚池理論與一千個鐵粉理論是真實有效的。記得，先累積用戶，再經營鐵粉。

打造自己的流量池，再獲取更多流量

我們可以透過 Facebook 社團、LINE 群組或社群、Discord 經營自己的私流量。

如果你已經有一群學員，建立學員交流的社群，將能讓學員參與度更高，也更容易獲得心得見證。

以臺灣人常用的 Facebook 和 LINE 相比，Facebook 社團優於 LINE 群組，因為 LINE 即時性高，除非你講求的就是高強度互動，或者有人代管，否則很容易打亂你的工作節奏。而且並不是每個國家的人都有使用 LINE，但 Fcebook 的人則全世界都在使用。

留下電子郵件，建立自有名單

請記得讓他們留下 E-mail，特別是當他們還沒有成為你的用戶前，因為這些平臺都可能會退流行或者突然消失不見，當這些情況發生時，你可能就再也無法聯繫到他們。而留下 E-mail 才能確保你永遠可以隨時聯繫到他們，讓你的內容能成功傳達。

當你要發售新的知識型產品前，他們也將成為第一批市場調查的對象，還有很高的機率成為第一批購買的用戶，所以 E-mail 也是建立自有名單的最佳方式。

透過這些名單基礎，打造自己的「流量池」，然後再獲取更多的流量。像是設計一些行銷活動，讓他們一個拉兩個，兩個拉四個，例如團購優惠、解鎖任務、推薦獎金等。

儘管這些外源性獎勵可以促使行動，但更好的做法是強化內源性獎勵，讓他們覺得做這件事情是有意義的，別把流量只是當流量看待，事業要長久，我們需要的是鐵粉。

至於所有的內容與文案，我們都可以透過與 ChatGPT 協作提升產出效率，但別忘了，「你」才是一切的核心，只要你有好的文字能力，就能把你的個人特質好好的展現。

▍小結：成為獨一無二的「你」

　　這一課我們分享了三個掌握時代紅利的重要關鍵：受眾不僅為了知識而付費，更為了獨特的存在而買單；你不用成為網紅，但一定要經營自媒體；不用追求百萬訂閱，打造永續流量池。重點在於，成為獨一無二的「你」。

　　讀到這裡，如果你對於自己有所期許，還願意繼續提升自己。

　　我們，還有最後一堂課。

第49課
永恆的旅程：提升

　　小時候，總覺得日子過得好慢，小學上課時，每天都在期待下課，每天都在期待寒暑假。別說覺得一年很久，連一學期都覺得好久才過完；但是長大之後，卻覺得日子變得好快，每天忙於工作與生活，別說一年一年過，轉眼，十年，就過了。

　　某天早上，我看著鏡子中的自己，細數歲月在臉上留下的跡痕，想起過去這十年，發生了好多的事，這些事情讓人生出現好多好多難以預期的變化。

　　想著如果能回到十年前，我會怎麼告訴當時的自己，要做哪些改變或者要做哪些事情，才能無畏無懼的迎接這充滿變動的人生？

　　我腦海中馬上浮現了一個答案，但深怕直覺反應太草率，於是我反覆思量，過了一整天，最終還是沒更改答案，於是我確認答案就是它了。

　　「**好好學習**」，這是我的答案。

其實，過去十年我不間斷學習，一直持續提升自己的能力，但為什麼我仍然認為「好好學習」是成長後的自己給年輕時的自己的提醒呢？因為，我希望十年前的自己，能投入更多的資源、時間與心力學習，面對無法預測的未來，我們永遠要做更多準備。

而且，經過這十年的驗證，我確定唯一穩賺不賠的投資，就是投資自己的大腦。我只是個平凡人，沒有顯赫的學經歷背景，今天我能厚著臉皮拿出來說嘴的些許成果，都是過去經由各種途徑的學習累積而來。

看到身旁許多講師朋友，每年都會投入自己專業領域的進修，累計進修費用經常高達百萬以上，雖然投資自己的和不投資自己的人相比，短期內看不出差異，但長期就漸漸拉開了距離。

因此，這是我們的最後一堂課，卻是你離開這裡之後的第一堂課，它也是一場永恆的旅程——持續學習，提升自己的能力。

時代變化快，不學習就淘汰

過去，人們上學、讀書，然後找到一個好工作，靠一項技能度過一輩子。現代科技以驚人的速度改變著我們的生活和工作方式，傳統的觀念已經無法適應快速變化的世界，現在的環境要求我們具備更多元化的能力。

人類的科技進步已經到了奇異點，今後將更沒有人能預測未來，我們唯一可以做的就是持續學習，提前做好準備，才能不被

市場淘汰，也才有機會掌握商機。

歐陽立中從教國文、教故事、教寫作到教閱讀，從學校老師到公開班講師、線上課程講師，從教學到出書再到主持，每一次跳躍都令人驚喜，人人只看見他表面的春風得意，卻沒見著他背後的勤學苦練。

平時就要累積資料庫，不要等到開賣了才來學文案

臺灣文案天后李欣頻說：「請不要把文案當成速成技巧，它是需要很深的底蘊，就像釀葡萄酒那樣的功夫，這樣文案讀起來才有味道，才能滴入人心。」她提醒我們平常就要累積各種素材、靈感與創意。

儘管 AI 可以為你提供無限量的素材，但只有「你」才能讓文字「活」起來，而讓文字活起來的關鍵，不在於技巧，而在於底蘊。這些底蘊，來自平時的累積，這些累積來自廣泛的學習。

李欣頻透過閱讀、電影和旅行來累積自己的資料庫，我們應該要開始透過一些方式，把靈感素材上傳到大腦。

投資自己大腦的十個提升指南

以下分享十個提升自我的指南，我所推薦的這些學習資源，都是對我很有幫助的，所以供你參考：

一、找到初心，看見自己

「初心」是維繫動力與點燃使命的先決條件，找到初心我們才有辦法寫出宣言。推薦閱讀賽門‧西奈克（Simon Sinek）的《先問，為什麼？》以及艾瑞克的《內在原力》這兩本書，它們都帶給我許多啟發，讓我好好審視自己的內在，找回最初的自己，讓我面對未來時更加篤定。

二、提升腦力，學習如何學習

既然要持續學習就得提升學習能力，學習類的書很多，而我特別喜歡《腦力全開》這本書。作者吉姆‧快克（Jim Kwik）曾經是腦力受損的學習障礙者，靠著自身努力，成為公認的記憶專家，這本書有乾貨，也有雞湯。

另外，我也推薦由芭芭拉‧歐克莉（Barbara Oakley）等人所寫的《學習如何學習》這本書，書中提供的學習方法經由腦科學佐證，而我也把它們運用在我的許多課程中，提升學員的學習效率。

三、大量閱讀，建構知識體系

你平常會看書嗎？百萬社群「閱讀人」版主鄭俊德每天都在社群上分享自己的閱讀心得，而且讓閱讀成為了知識變現的核心技能。

「閱讀」是吉姆‧快克最推薦提升腦力的方法，而他也是透過閱讀訓練改善了自己的糟糕的記憶，如果一個人自覺能力還有

待提升，閱讀就是必要的學習。

閱讀的好處還包含能透過「主題閱讀」快速建立知識體系，閱讀後舉辦讀書會，不但能推廣好書，鍛鍊知識萃取以及教學能力之外，還能創造收益。

如果你想觀摩符合上述所有條件的讀書會，歡迎參考《文字力學院》的「字遊主義讀書會」，由七位講師幫你讀書、帶你用書，讓你厚實文字底蘊，拓展知識邊界。

如果你想了解如何萃取書中知識，可參考歐陽立中的「閱讀爆發課」線上課程，這門課程教你學霸才懂的閱讀技巧。

如果你想了解如何透過讀書會營利，可參考孫治華的《百萬職業講師的商業策略》這本書，我靠書中的兩頁，賺到了兩年的個人成長。

如果你想要大家一起讀書的感覺，林揚程的《共讀的力量》能讓你學會如何主持一場高品質的讀書會。

四、提升教學能力，師生相愛不相殺

教學是一項專業，沒有這項專業的講者，很快就會被市場淘汰。當學員能夠真的學會，你才有源源不斷的好口碑，而口碑正是知識型產品創造長尾的關鍵。

不論你是要製作線上課程，還是舉辦實體課程，也不論你是要做公開班講師，抑或企業內訓講師，我們都要持續提升教學能力，個人推薦以下兩個學習資源：

「AL 加速式學習」是由蘇文華引進臺灣的世界級培訓認證課程。關於「學習是創造」這個核心概念，讓我在授課上有很大的啟發，也帶來更多的創意。雖然 AL 只有短短三天的訓練，但上完課後我至今仍記憶猶新，我認為值得你親自體驗。

　　王永福以「教學的技術」主題出版了書籍與線上課程，把所有教學手法大公開，書籍內容寫得鉅細靡遺，線上課程呈現具體操作，學習上相輔相成，讓你快速掌握最經典的教學手法。

　　如果你問我要選哪一個？那換我問你有沒有聽過這句話：

　　「小孩才做選擇，大人全都要！」

　　如果你希望讓課程變得好玩一點，楊田林的《遊戲人生》與莊越翔的《遊戲人生 72 變》這兩本書中，有海量的遊戲化教學手法，讓你隨便用、用不完，讓你在任何授課場景，都能成為最受歡迎的講師。

五、鍛鍊邏輯思考，人生決策都清清楚楚

　　邏輯不但和文案寫作有關係，也與思考決策有很大的關連，所以我們要持續提升這方面的能力，才能同時提升文字力與思考力。

　　有一位企業講師讓我萬分佩服，他不但有《高產出的本事》，還有《高勝算的本事》，這些恐怖的本事來自他的邏輯能力（數據思維），我經常在臉書上看他寫的文章，每每都折服於他的邏輯，總能把一下子就把一件事情想得清清楚楚。

如果你問我他是誰，他就是以上兩本書的作者「劉奕酉」，擁有「高邏輯的本事」。

六、情緒波動體驗，用文字帶你走進另一個世界

在這門課程中，我花了三堂課談「情緒」，如果你還想更進一步了解，我推薦閱讀許榮哲的《小說課之王》，可以讓你體會什麼是閱讀文字時帶來的情緒波動。當初我第一次閱讀這本書的時候，本來只想翻一下就好，沒想到因為故事太引人入勝，竟然一口氣把它讀完了。

閱讀《小說課之王》可以讓你體會到情緒是怎麼促使你想繼續看下去，而且還能窺見許多小說文學的內涵與技巧，讓你的文字，更有意思。

七、強化聲音表達能力，用對的聲音說對的話

聲音表達常常會被人忽略，好的內容配上難聽的聲音，聽著聽著簡直要去西方取經。

錄製影片與授課時，我們不只要重視內容，還要注意聲音表達，用對的聲音可以呈現你的專業感，也可以讓課程更加的豐富。

記得我早期錄製線上課程時，由於不懂正確的聲音表達方式，每次錄影片都錄得口又乾、嗓又痛，錄出來音質又不夠好，後來經過一些聲音表達的訓練才得以進步。

如果想學習聲音表達，擁有多年配音與教學經驗的周震宇，

為你提供了線上課程與實體課兩種選擇的方式。

八、提升綜合表達能力，讓任何人都聽懂你說的話

想成為講師、想做知識型產品，表達能力絕對不可或缺，你不一定要口若懸河，但你至少要清楚表達你的想法。

我經常收聽一個 Podcast 節目《劉軒的 How To 人生學》，主持人劉軒的口語表達能力極強，不論是內容、反應、聲音、語速、內涵、思維、見識、智慧與幽默都是箇中高手。經常聽他的節目，從中學習表達能力也會進步，而且是全方位的成長。

九、持續輸出，用寫作鞏固學習

以上一到八點都強調「輸入」的重要性，但其實「輸出」才是提升能力的關鍵，所以把你知道的、學到的，統統寫出來吧！

透過寫作重新整理腦袋的想法，讓你的知識更加有條理，讓你的學習更加鞏固。當你實際把腦袋中的東西寫出來的時候，你會發現原來自己懂那麼多，也會找到自己還需要補強的地方，對於教學非常有幫助。

不但如此，唯有透過輸出，才能讓受眾看見你的真才實學，經營自媒體時也不怕沒有內容素材。這個時代，成就是能透過「寫」出來的，像是林怡辰從國小老師變成暢銷作家，就是一路從部落格寫到臉書，從臉書寫到出書。

如果你還沒有太多寫作經驗，可以先從閱讀山口拓朗的《素人也能寫出好文章》這本書開始，奠定寫作的基礎觀念。

十、知識變現，透過文字力打造獲利引擎

不論哪個時代，善用文字的人，往往被視為專家、菁英分子；而這個時代，善用文字的人，就是能創造魔法的人。

《文字力學院》將幫助你透過文字創造屬於你的魔法，學會運用「3A 系統」文字力表達框架，透過文字精準傳達訊息，抓住受眾的注意力，引起興趣和共鳴，最後改變想法或者採取行動。我們將帶領你以文字為起點做到知識變現，掌握時代紅利，更有效率的打造獲利引擎。

現在，這段旅程就要告一段落了，而你即將面對是否要延續這一段旅程的選擇。

想像一下，如果有一天，十年後的自己突然出現在你面前，你希望他對你說什麼？是帶著心傷的責罵與怒吼，還是滿懷感謝的說出這段話：「謝謝你，當初做了正確的選擇，讓我在這十年間，面對充滿變化的人生也不害怕。即使再面對下一個十年，我也能做好準備，真的謝謝你！」

你還記得 Eva 的故事嗎？她透過學習，用短短的半年，改寫了自己的人生。

現在，你也可以做出選擇。

開始，寫下自己的故事。

結語 _

如果你也想用文字改寫人生

謝謝你翻開這一頁，讀到這裡。

對於作者而言，讀者願意翻閱結語是莫大的鼓舞。也許，你覺得這本書有點意思；也許，你想知道這個作者還想說點什麼，所以才翻開這一頁。不論如何，我都由衷的感謝。

這本書就是一門文案寫作課，是「Elton 風格的知識型產品銷售文案寫作的 49 堂課」，如果你從頭讀到尾，相信你已經具備寫下一篇好的知識型產品銷售文案的基礎知識，為文字為起點的知識變現揭開了序幕。

▍撰寫文案前的思考

在撰寫文案之前，我們要先確認知識型產品是否具備「**市場性**」，能「**解決特定問題**」，而「**金錢**」和「**關係（性吸引力）**」是讓好賣變成很好賣的兩大元素。

同時，做好「**價值提取**」：找到自身專長與熱情的甜蜜點，界定目標受眾的輪廓與痛點，說明達成目標的過程與方法。

當你仔細思考過後，文案撰寫就不難，只需要套用四個步驟，就能快速做到知識變現。

與客戶墜入愛河的四個步驟

現在，你已經知道關於「Elton 風格的知識型產品銷售文案架構」分成四個步驟，它們分別是：

吸引→導引→勾引→上癮

以上就是讓客戶「4 IN LOVE」的四個步驟，亦可簡稱「四癮」架構，讓受眾閱讀完後難以抗拒的「上癮」。

符合人類本能反應，所以無從抗拒

這套文案寫法能適用於任何知識型產品，因為它是從人類本能反應出發，所以也讓人難以抗拒。

簡單而言，當我們接觸到一個訊息時，大腦會下意識的判斷是否要注意它，特別是如果資訊與生存有關，大腦就會強迫我們提高注意力，無論個人喜好。

但這份注意力會維持多久，就要看這段訊息能否提供更多的利益，以及是否有適度的壓力，促使我們投入更多的關注。

接著，隨著興趣的提升與情緒的堆疊，發現自己需要理解某件事情，但現在並不理解的感受，將會讓欲望的累積到達頂點。

最後，未滿足的欲望必須被滿足，所以我們會採取行動，以

弭平想要但還沒得到的失衡感受。如果最後沒有採取行動，情緒也會在心中發酵，讓我們的渴望在心中留存一陣子。

所有的文案細節，在這本書中我統統都告訴你了，只差，等你寫出來。

或許有一天，這些文字將會成為我下一堂課的範例，就像你在這本書中所看到的那些成果。

魔法，就在文字力

雖然本書是一門文案寫作課，但文案只是一個商業行銷的技術，而文字力才具有改寫人生的魔法。接下來，我將分享一位學員的課後心得，它能讓我們理解文字的影響力有多大。

說說自從我上了 Elton 的課程之後，我獲得了哪些改變？

在文字溝通表達上我變得更加篤定！遇到客訴事件時，我透過一篇文字，不但安撫了客戶的情緒，更讓我躲過了上司的責難。以前的我，與客戶溝通總是充滿了困難，但現在似乎變得輕鬆許多。

快速的讓一個怒火中燒的同事平靜下來！當時，他大吼著要離職，情急之下，我運用了課程中教的一種提問方法。接著，他的情緒逐漸平復下來，最後決定安穩的留在公司。

成功挽救了一個朋友孩子的未來！有個與眾不同的孩子，可能需要特殊的照顧才能健康成長。然而，過去我一直無法說服

我的朋友去讓孩子接受正式評估，後來，我總算成功地說服了他們，運用的正是 Elton 傳授的方法。令人欣慰的是，現在這個孩子已經在一個更適合他的學習環境中得到了妥善安置。

還有好多好多的改變，包括走出了自己的舒適區、開始接案、用文字賺錢、參加課程並寫心得、以文字贏得獎品等等，這些都是我過去不敢想像的事。現在，一切跟文字有關的好事，每天都在發生。

如果你也想改寫人生

我們在這裡的學習旅程，即將告一個段落了。

每個人都有所選擇，也都有機會，改寫自己的人生。

或許，現在的你，已對未來充滿期待，但同時也可能感到些許不安。

還記得之前我們分享了 Eva 的故事嗎？她原本宣稱她賺回學費 60 倍，這個成果已經令人驚歎。但我們後來才發現，當初她報名了兩門課程，她上完第一門課程業績開始暴漲，而且幫她提升業績的，其實是第一門課程的技術，所以如果用第一門課程的學費計算，她賺回的不僅僅是 60 倍，而是足足高達 100 倍！

你需要知道的是，Eva 在上課前，就為自己設定了業績突破的結果，後來只花了短短半年，我們就與她一起迎接了這個結果。

現在，我想與你有個約定，你想如何改寫你的人生，請把它們寫下來。試著想像、感受一下，當這一天到來時，你會看到什麼、聽到什麼、感受到什麼？

我們要的不僅僅一個目標，我們需要的是一個結果。

目標是努力的方向，但現在「還沒做到」，像一個遙遠的東西；結果則是「已經做到」，把未來拉到當下的體驗，是一個現在就擁有的決定。

當你充分感受過結果，你想要的一切，就再也不是遙遠的目標。

終有一天，我將陪你，一起迎接這個結果。

NOTE

文字力教練 Elton **知識變現爆款文案**寫作的 49 堂課！
不管有沒有文案基礎都能開始，零經驗也學得會！

作　　　者／林郁棠
封 面 攝 影／李權
封 面 設 計／陳姿妤
美 術 編 輯／孤獨船長工作室
執 行 編 輯／許典春
企劃選書人／賈俊國

總 　編 　輯／賈俊國
副 總 編 輯／蘇士尹
編 　 　 輯／黃欣
行 銷 企 畫／張莉滎・蕭羽猜・溫于閎

發 　行 　人／何飛鵬
法 律 顧 問／元禾法律事務所王子文律師
出　　　版／布克文化出版事業部
　　　　　　臺北市中山區民生東路二段 141 號 8 樓
　　　　　　電話：(02)2500-7008 傳真：(02)2502-7676
　　　　　　Email：sbooker.service@cite.com.tw
發 　　　行／英屬蓋曼群島商家庭傳媒股份有限公司城邦分公司
　　　　　　臺北市中山區民生東路二段 141 號 2 樓
　　　　　　書蟲客服服務專線：(02)2500-7718；2500-7719
　　　　　　24 小時傳真專線：(02)2500-1990；2500-1991
　　　　　　劃撥帳號：19863813；戶名：書蟲股份有限公司
　　　　　　讀者服務信箱：service@readingclub.com.tw
香港發行所／城邦（香港）出版集團有限公司
　　　　　　香港九龍九龍城土瓜灣道 86 號順聯工業大廈 6 樓 A 室
　　　　　　電話：+852-2508-6231　　傳真：+852-2578-9337
　　　　　　Email：hkcite@biznetvigator.com
馬新發行所／城邦（馬新）出版集團 Cité（M）Sdn.Bhd.
　　　　　　41，JalanRadinAnum，BandarBaruSriPetaling，
　　　　　　57000KualaLumpur，Malaysia
　　　　　　電話：+603-9057-8822 傳真：+603-9057-6622
　　　　　　Email：cite@cite.com.my
印　　　刷／韋懋實業有限公司
初　　　版／2024 年 1 月
定　　　價／450 元
I S B N／978-626-7431-05-4
E I S B N／978-626-7431-04-7(EPUB)

城邦讀書花園　　布克文化
www.cite.com.tw　WWW.SBOOKER.COM.TW